10kV 及以下配电网工程
施工方案编制实例

国网江西省电力有限公司配网办 组编

中国电力出版社
CHINA ELECTRIC POWER PRESS

内 容 提 要

为了进一步强化配电网工程施工现场安全管理水平，提高施工质量，合理布置施工力量，有序安排施工流程，国网江西省电力有限公司组织编写了本书。

本书结合国家电网公司"三措一案"（配电网工程组织措施、技术措施、安全措施及施工计划方案）管理及《国家电网公司配电网典型设计（2016 年版）》等要求，给出了架空线路、台区、电缆线路、环网柜、开关站等编制实例。每个实例对施工关键环节均作了具体要求，整个施工环节（包括前期）进行了安全、质量、进度全覆盖监控，此外，还增加了现场勘查等内容，使作业方案更符合现场实际。

本书可供各供电公司、施工监理单位以及从事电力建设工程管理、施工、安装、生产运行等专业人员使用。

图书在版编目（CIP）数据

10kV 及以下配电网工程施工方案编制实例/国网江西省电力有限公司配网办组编. —北京：中国电力出版社，2018.3（2023.4重印）
ISBN 978-7-5198-1743-5

Ⅰ. ①1… Ⅱ. ①国… Ⅲ. ①配电系统–电力工程–工程施工–方案制定–中国 Ⅳ. ①TM727

中国版本图书馆 CIP 数据核字（2018）第 026978 号

出版发行：中国电力出版社
地　　址：北京市东城区北京站西街 19 号（邮政编码 100005）
网　　址：http://www.cepp.sgcc.com.cn
责任编辑：崔素媛（cuisuyuan@gmail.com）
责任校对：王开云
装帧设计：张　娟
责任印制：杨晓东

印　　刷：三河市百盛印装有限公司
版　　次：2018 年 3 月第一版
印　　次：2023 年 4 月北京第三次印刷
开　　本：787 毫米×1092 毫米　16 开本
印　　张：9.5
字　　数：164 千字
定　　价：35.00 元

本书编委会

主　　　任　熊友明

副 主 任　李建忠　张　敏　郭圣楷

成　　　员　徐　军　余延武　糜　哲　张　懿

　　　　　　王新明

本书编写组

主　　　编　余延武

参　　　编　刘元辉　万纯峰　余　杰

前言

随着我国城镇化进程的不断加快，配电网建设投资逐年加大，工程建设面临任务重、周期短的严峻考验。工程安全、质量管理在配电网改造升级中占据着非常重要的地位。目前，配电网现场点多面广管控难，施工人员力量配置不足，安全措施不到位，工艺质量不达标，施工方案编制流于形式，不符合现场施工要求，对现场的管控力较弱，现场施工风险较大。国网江西省电力有限公司为认真贯彻国家电网公司有关要求，进一步加强安全质量监督管理，严格执行组织措施的各项制度，有效控制安全风险，组织编写了本书，以强化配电网工程施工现场安全管理水平，提高施工质量，合理布置施工力量，有序安排施工流程，简化施工方案编制环节，提升现场管控水平。

本书包含了配电网工程组织措施、技术措施、安全措施及施工计划方案（即"三措一案"），并增加了现场勘查等内容，使作业方案更符合现场实际。本书按架空线路、台区、电缆线路、环网柜、开关站等分类进行实例编制示范，整个施工环节（包括前期）开始就进行了安全、质量、施工力量配备全覆盖监控，并对安全及质量等要求进行模块化选取，对施工关键环节均作了具体要求，内容全面，使用简单方便。

本书作者由国网江西省电力有限公司具有丰富管理知识和实践经验的人员组成。本书在编写过程中得到了国网江西省电力有限公司各级领导和同仁的指导和帮助，在此一并表示感谢。

限于时间和精力，本书难免有疏漏和不妥之处，敬请广大读者批评指正。

目次

前言

一、概　　述

1. 使用范围

本书编制实例供各单位参考使用，现场作业方案按单体项目进行编制，在具体编制作业方案时各单位还应依据现场实际情况进行补充、完善。

本书只是针对一般作业，如工程中存在以下高危复杂作业情况（包含不限于）时，还应编制专项施工方案：

（1）跨越通航河流及水深超过 1.2m 的涉水作业。

（2）气象和地质灾害下造成多处配网线路倒杆（断线）且施工现场环境差的施工作业。

（3）进入井（箱、柜、深坑、隧道、电缆夹层内）等有限空间内施工作业。

（4）跨（穿）越铁路、高速公路、二级以上公路等重要跨越施工作业。

（5）跨越 10kV 或 0.4kV 带电线路的非带电作业施工。

（6）采用新技术、新工艺、新方法等项目实施的施工作业。

（7）项目管理单位或专业部门认为的其他高危复杂作业。

2. 签批原则

作业方案须履行签审、签批流程。其中，签审流程为施工项目部→监理项目部→业主项目部；签批流程编制实例中列出参考会签部门，各单位可根据实际情况、工程的复杂和危险度进一步明确细化并以文件的方式明确。

3. 章节相关说明

工程简介：包括项目施工地点、地形、现状、建设原因、改造涉及的拆除情况、线路状况及解决的问题等。

工作量清单：根据实际情况分新建、改造和拆旧部分。每部分根据工作内容把所需主材及设备、规格型号、数量填写到相应表格内。如工程项目只有新建部分，则改造部分与拆旧部分填写"本工程无改造或无拆旧"。

现场勘察及施工平面示意图：包括现场实际勘察情况表及现场实际施工平面示意图（必须包含施工环境中所有线路、道路、河流等影响施工的重要因素，在示意图右下方需标注图例），必要时附初设平面图，对于环网箱等还应附电气接线图。

工程组织情况：根据实际情况填写建设单位、设计单位、监理单位和施工单位负责人及联系方式（负责人姓名无需手签，单位须写全称）。

现场施工组织：填写施工现场实际工作人员职务、工作职责及联系方式。

施工工器具、安全工器具、现场施工车辆准备：根据工程实际需求填写拟投入现场使用的施工工器具、安全工器具、车辆名称及数量、用途。在工程实施过程中，项目管理人员应依据此方案对现场的实际工器具、车辆等进行复核。

质量控制措施：施工工艺及质量严格按照《国家电网公司配电网工程典型设计（2016年版）》规范要求进行施工，编制实例中列出了部分重点质量控制措施，仅供参考。在实际工作中，应根据工程内容选取方案中适合的技术标准，或做其他补充。对于工程中的无相关项应注明，例如：工程中无铁塔，则注明"本工程无铁塔"。

不停电施工计划：根据工程的工作内容分配工作到个人并填写开始时间和结束时间及人员数量。

停电期间工作安排：根据工程的工作内容分配工作到个人并填写计划停电时间和停电时长及人员数量。

涉及停电线路或设备：参照两票的填写方式，填写实际需停电线路或设备。

通用安全措施：指一般的、通用性的安全措施，也可根据实际情况补充、完善。

专用安全措施：根据工程实际情况填写。编制实例中列举了部分重点安全措施，仅供参考。在实际编制时，应根据工程的特点、实际状况进行补充或完善。

应急安全措施：根据工程实际情况填写。

其他补充安全措施：根据工程实际情况填写，重点反映针对工程的特殊情况应采取的安全措施，例如：临近公路预防交通事故、临近湖泊防止溺水事件、林区工作预防山火等。

方案交底学习：本作业方案在组织人组织学习后，每位学习人员在相应表格内签字，如施工因故暂停后，二次入场前，需再次学习并重新履行签字手续。

二、10kV 架空线路（含电缆）施工方案编制实例

10kV××主线××支线改造工程

（含电缆）

施工作业方案

施工单位名称（盖章）

二〇××年×月

签 署 页

		签名	日期	意见
业主项目部	批准	项目经理	×月×日	同意
	审核	项目专职	×月×日	已审核，同意报批
监理公司	批准	总监或监理组长	×月×日	同意
	审核	技术专监	×月×日	已审核，同意报批
施工单位	批准	项目经理	×月×日	同意报审
	校核	安全员	×月×日	已校核，同意报批
	编制	（技术员）	×月×日	已编制完整，报批

签 批 页

		签名	日期	意见
批准			×月×日	同意
会签部门	运行部门2		×月×日	同意执行此方案
	运行部门1		×月×日	同意执行此方案
	调度部门		×月×日	同意执行此方案
	建设部门2		×月×日	同意执行此方案
	建设部门1		×月×日	同意执行此方案

目　录

第一部分　工程概况及工作量清单

1.1　工程简介

10kV××主线××支线投运于 2001 年，位于××县××镇××（具体地点），该地段地形为××，全线导线型号为 LGJ–35，电杆为 10m 锥形水泥杆，存在部分电杆裂纹，该线与 10kV××线交叉安全距离达不到要求，存在导线多处接头和断股等安全隐患。拆除原 LGJ–35 导线，改造后导线型号为 JKLYJ–10–240，电杆为 15m 杆，能有效消除安全隐患，提高供电可靠性。

1.2　工作量清单

1.2.1　新建部分

序号	材料名称	工作内容	规格型号	数量
1	电杆	10kV××支线 11～15 号杆杆洞开挖、运杆及立杆	190/15m	5 根
2	导线	10kV××支线 10～15 号杆安装金具、铁附件及架设导线	JKLYJ–10–240	0.26km
3	断路器	10kV××支线 10 号杆真空安装	ZW32–12/630–25	1 台

1.2.2　改造部分

序号	材料名称	工作内容	规格型号	数量
1	电杆	10kV××线 01～07、08～10 号杆安装金具、铁附件及架设导线	JKLYJ–10–240	0.5km
2	导线	10kV××线 07～08 号杆安装金具及电缆 T 接	YJV22–10kV–3× 300	0.08km
3	断路器	10kV××线 01～10 号杆杆洞开挖、运杆及立杆	190/15m	10 根

1.2.3　拆旧部分

序号	材料名称	工作内容	规格型号	数量
1	电杆	10kV××支线01～10号杆电杆拆除	190/10m	10根
2	导线	10kV××支线01～10号杆金具、铁附件及导线拆除工作	LGJ–35	0.5km

1.3　现场勘察及施工平面示意图

1.3.1　勘察记录

序号	勘测项目	勘测记录
1	停电范围	1. 10kV××主线50～61号杆、10kV××主线××支线01～10杆； 2. 10kV××线01～42号杆
2	停电设备	1. 10kV××主线50号杆××D××断路器、××D×××隔离开关； 2. 10kV××线01号杆××D××断路器、××D×××隔离开关
3	保留带电部位	1. 10kV××主线50号杆××D××断路器电源侧，接地线及接地线以外部分视为带电线路； 2. 10kV××线01号杆××D××开关电源侧，接地线及接地线以外部分视为带电线路
4	交叉、临近带电线路	10kV××线与10kV××主线01～05号杆平行，水平距离约5m，10kV××线钻10kV××主线7～8号杆
5	多电源自发电情况	无
6	地下管网情况	无
7	其他影响因素	无

1.3.2 施工平面示意图

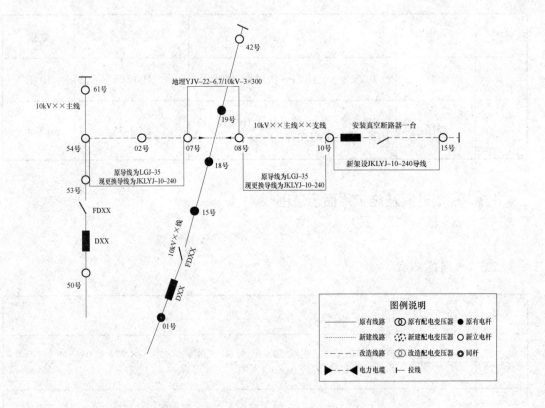

第二部分 组 织 措 施

2.1 工程组织情况

序号	参建单位	单位名称	负责人	电话
1	建设单位	××县供电分公司	周××	×××××××
2	设计单位	××设计公司	罗××	×××××××
3	监理单位	××监理公司	祁××	×××××××
4	施工单位	××建设公司	李××	×××××××

2.2 现场施工组织

序号	姓名	工作职务	工作职责	电话
1	沈××	施工负责人	全面工作	××××××××
2	卢××	安全员	安全工作	××××××××
3	熊××	技术员	技术工作	××××××××
4	饶××	一队队长	一队相应工作	××××××××
5	彭××	二队队长	二队相应工作	××××××××
6	方××	材料管理员	材料领用及整理	××××××××
7	龙××	工器具管理员	工器具领用和检查	××××××××
8	梅××	后勤管理员	后勤工作	××××××××
9	张××等10人	技工		
10	林××等10人	普工		

第三部分 技 术 措 施

3.1 施工工器具准备

序号	名称	单位	数量	备 注
1	紧线机	台	4	
2	钢丝绳、白棕绳	米	若干	
3	对讲机	台	4	
4	临时地锚	套	2	
5	个人工器具	套	10	
6	放线盘	个	1	
7	汽油发电机	台	1	
8	手板葫芦	只	2	
9	绞磨机	台	1	
10	放线架	台	1	
11	断线钳	个	2	
12	手磨机	台	1	
13	电镐	台	1	
14	大锤（4kg）	个	2	
15	炮车	个	1	
16	钝铲	个	3	
17	滑轮	个	6	
18	液压压接钳	只	2	
19	喷灯	台	2	

3.2 安全工器具准备

序号	名称	单位	数量	备　注
1	脚扣	付	10	
2	安全带	付	10	
3	10kV 验电器	支	2	
4	10kV 接地线	组	2	
5	绝缘手套	付	2	
6	绝缘靴	付	2	
7	安全帽	顶	20	
8	工器具包	个	10	
9	手持照明灯	只	2	
10	个人安保线	付	10	
11	急救箱	只	1	
12	安全警示牌	块	10	
13	安全警示带	卷	5	

3.3 现场施工车辆准备

序号	车辆名称	单位	数量	用途
1	工程车	总负责人	1	协调现场施工
2	工程车	施工一队	1	现场施工
3	工程车	施工二队	1	现场施工

3.4 施工基本条件

（1）天气晴好，无雷、雨、雪、雾及五级以上大风。

（2）通信联络畅通。

（3）工作人员无妨碍工作的疾病。

（4）所有施工机具经检查合格后运至施工现场。

（5）所有吊机等特殊作业，工作人员需持证上岗。

3.5 工作流程

现场勘测→编制施工"三措一案"→施工准备→现场施工过程→施工结束工艺质检。

3.6 质量控制措施

施工工艺及质量严格按照《国家电网公司配电网工程典型设计 10kV 架空线路分册（2016 年版）》规范要求进行施工，部分重点施工环节质量要求如下（包括但不限于）。

3.6.1 电杆组立及铁附件安装质量控制措施

（1）电杆起立前检查顶端是否封堵良好，电杆是否弯曲，杆身是否有裂纹。注：当肉眼无法直观看出有裂纹时，用水浇湿杆身，待干后即可。

（2）直线杆的横向位移不应大于 50mm；电杆的倾斜不应使杆梢的位移大于半个杆梢。

（3）转角杆应向外角预偏，倾斜不应使杆梢位移大于一个杆梢，紧线后不应向内角倾斜。

（4）终端杆应向拉线侧预偏，倾斜不应使杆梢位移大于一个杆梢，紧线后不应向拉线反方向倾斜。

（5）电杆立好后迅速回填，回填土时每 30cm 夯实一次，杆根回填土高出地面不小于 30cm。沥青路面或砌有水泥花砖的路面不留防沉土台。

（6）横担安装要求规范：

1）高压：采用单担，横担安装中心水平面离杆顶 1000mm，杆顶支架抱箍中心点离杆顶 150mm。

2）横担安装方向应垂直于线路方向，安装在线路受电侧，横担上下倾斜、左右扭斜及端部位移误差不超过 20mm。

3）横担上下倾斜、左右扭斜及端部位移误差不超过 20mm。

（7）电杆埋设深度表

杆长（m）	8	10	12	15	18
埋深（m）	1.5	1.7	1.9（2.2）	2.3（2.5）	2.8（3）

注 双回及以上线路电杆埋深选取括号内数值。

本工程规格是 15m 水泥杆单回线路，即选用电杆埋深为 2.3m。

3.6.2 铁塔组装及铁附件安装质量控制措施

塔身组装时主材要放平整，遇到 4～5 块铁同装 1 个洞孔时应先穿长螺栓的一面，再穿另一面的短螺栓，水平方向的螺栓穿向由内向外，垂直方向由下向上。拧紧螺栓前，先检查塔段是否扭曲，确认塔段不扭曲后方可拧紧螺栓。

3.6.3 放线、紧线施工质量控制措施

（1）要求检查导线有无断股，锈蚀、损坏、烧伤痕迹，连接线夹是否缺弹簧和螺帽松扣。

（2）绝缘线不得在地面、杆塔、横担、绝缘子或其他物体上拖拉，应使用专用滑轮，滑轮直径应适当，以防损伤绝缘层。

（3）紧线时将其中一端作为挂线端，并与悬式绝缘子相连，挂在横担上。另一端布置紧线工具，紧线的卡线器应使用面接的卡线器。在绝缘线上缠塑料或橡胶包带，防止损伤绝缘层；确认沿线无障碍物后使用紧线工具并在专人指挥下，将导线紧固，一边收紧导线、一边观察弧垂，保证三相一致。

（4）绝缘子有无脏污、裂纹、破损、闪络烧伤痕迹。

（5）检查有无锈蚀、变形、销子针及各部螺帽有无松脱、缺损等。

3.6.4 杆上设备施工质量控制措施

（1）安装前需核实断路器的技术性能，参数符合要求。

（2）做分合闸试验时操作机构分合动作正确可靠，指示清晰。

（3）瓷件、套管良好、外壳干净、无渗漏油现象。

（4）安装牢固可靠，水平倾斜不大于托架长度的 1/100。

（5）断路器外壳与接地线连接可靠，测量接地电阻不大于 10Ω。

（6）10kV 线路上安装在绝缘导线的避雷器顶端与不锈钢引流环应保持合适的间隙。

3.6.5　电缆敷设施工质量控制措施

（1）开挖电缆沟的深度应大于 700mm，宽度为 350mm。

（2）清除沟内杂物，铺完底砂或细土。

（3）电缆在沟内敷设应有适量的蛇型弯，电缆的两端应留有适当的余度。

（4）电缆敷设完毕，应请建设单位、监理单位及施工单位的质量检查部门共同进行隐蔽工程验收。

（5）隐蔽工程验收合格，电缆上下分别铺盖 10cm 砂子或细土，然后用砖或电缆盖板将电缆盖好，覆盖宽度应超过电缆两侧 5cm。

（6）回填土前，再作一次隐蔽工程检验，合格后，应及时回填土并进行夯实。

（7）电缆在直线段中间加设标桩，标桩露出地面以 15cm 为宜。

（8）电缆首端、终端均设明显电缆标志牌。

3.7　不停电施工计划

开始时间	结束时间	工作内容	工作安排	人员配备
201×年××月××日	201×年××月××日	10kV××支线 10～15 号杆杆洞开挖	李××、刘××等 4 人负责组立电杆，韩××负责安全监护及质量把控工作	5 人
201×年××月××日	201×年××月××日	10kV××支线 10～15 号杆组立电杆	李××、刘××等 4 人负责组立电杆，韩××负责安全监护及质量把控工作	5 人
201×年××月××日	201×年××月××日	10kV××支线 10 号杆真空及附件安装	艾××、章××负责真空断路器及附件安装，陆××负责安全监护及质量把控工作	3 人
201×年××月××日	201×年××月××日	清点、转运工器具及材料	沈××、陆××负责清点和转运工作，陆××负责看管和发放	2 人

3.8 停电期间工作安排

第一次停电，计划停电时间：201×年××月，停电时长：×小时

序号	工作内容	工作安排	人员配备
1	10kV××主线 55 号杆工作接地线装设（53 号杆工作接地线与操作接地线重合）、10kV××线 19、20 号杆工作接地线装设	55、19、20 号杆接地线装设由刘××等 2 人负责，沈××负责监护工作	3 人
2	10kV××支线 01～07 号杆杆洞开挖、组立电杆	1. 张××等 3 人负责杆洞开挖；2. 金××等 3 人负责组立电杆；3. 吴××负责安全监护及质量把控工作	6 人
3	10kV××支线 01～07 号杆铁附件、金具安装	张××等 5 人负责铁附件、金具安装，吴××负责安全监护及质量把控工作	6 人
4	10kV××支线 01～07 号杆架设导线	林××等 5 人负责导线架设工作，吴××负责安全监护及质量把控工作	6 人

第二次停电，计划停电时间：201×年××月，停电时长：×小时

序号	工作内容	工作安排	人员配备
1	10kV××支线 07～08 号杆电缆头制作	王××等 4 人负责电缆头制作	4 人
2	电缆沟开挖、电缆 T 接	1. 周××等 5 人负责电缆沟开挖、电缆 T 接工作；2. 曾××负责安全监护及质量把控工作	5 人
3	10kV××支线 08～15 号杆铁附件、金具安装、架设导线	1. 张××等 5 人负责铁附件、金具安装、架设导线工作；2. 安××负责安全监护及质量把控工作	6 人
4	10kV××支线 01～10 号杆拆旧工作	王××等 6 人拆旧工作，张××负责安全监护工作	6 人

3.9 涉及停电线路或设备

10kV××主线和 10kV××线部分。

第四部分　施工安全措施及注意事项

安全措施及注意事项严格按照《国家电网公司电力安全工作规程电网建设部分（试行）》实施，重要环节安全措施及注意事项如下（包括但不限于）。

4.1　通用安全措施

（1）严格执行"停电、验电、装设接地线、使用个人保安线、装设遮（围）栏和悬挂标示牌"等技术措施。

（2）进入施工现场必须戴好安全帽，杆上作业必须系好安全带。

（3）施工要有专人指挥、监护。

（4）做好施工方案的学习，分班组开展班前、班后会。

（5）加强班组人员管理，确保每个班组作业人员必须在本班组工作地段内活动，严禁到其他班组负责线路范围内作业。

（6）做好交叉跨越、平行线路的安全警示标示，加装个人保安线，防误登杆。

（7）接地线统一编号，明确每个班组接地线的数量和编号，作业前对所有安全工器具进行清查。

4.2　专用安全措施

4.2.1　电杆及拉线基坑开挖安全措施

（1）挖坑（沟）时，应及时清除坑口、沟边附近浮土、石块，坑边禁止外人逗留；在超过 1.5m 深的坑（沟）内作业时，向坑（沟）外抛掷土石应防止土石回落坑（沟）内；作业人员不得在坑（沟）内休息。

（2）在土质松软处挖坑（沟），应有防止塌方措施，如加挡板、撑木等；不得站在挡板、撑木上传递土石或放置传土工具；禁止由下部掏挖土层。

（3）开挖坑（沟）过程中使用的锹镐，防止磕手，刨脚；传递工具时不许乱扔，防止误伤人。

（4）开挖杆坑完成后做好防护措施，防止失足坠落事故。

4.2.2　现浇基础开挖及浇制安全措施

基础开挖应按设计要求施工，挖出的泥沙应远离坑口 1m 以上放置，防止抛土回落坑内；基坑过深时，要有专人监护，并采取措施防止坑壁坍塌。

4.2.3　组立电杆安全措施

（1）立杆时应设专人指挥，统一信号，并保证信号畅通。

（2）立杆塔要使用合格的起重设备，严禁过载使用。

（3）立杆塔过程中基坑内、吊件垂直下方、受力钢丝绳的内角侧严禁有人。除指挥人及指定人员外，其他人员应在离开杆塔高度的 1.2 倍距离以外。

（4）整体立杆塔前应进行全面检查，各受力、连接部位全部合格方可起吊。杆顶起立离地约 0.8m 时，应对杆塔进行一次冲击试验，对各受力点处作一次全面检查，确无问题，再继续起立；起立 70° 后，应减缓速度，注意各侧拉线；起立至 80° 时，停止牵引，用临时拉线调整杆塔。

4.2.4　铁塔组立安全措施

（1）塔上有人时绝对严禁调整和松拆拉线或者临时缆绳。

（2）必须得到指挥人的同意后方可松拆拉线或者临时缆绳，其他任何人不准擅自松拆拉线和临时缆绳或指挥松拆拉线和缆绳。

（3）白棕绳当临时缆绳时，严禁在塔上作业，挂拉线除外。

（4）塔身装到 9m 时必须打好永久拉线。

4.2.5　钢管杆组立安全措施

（1）不论采用抱杆或者吊车方法组立杆塔，立塔前均应根据起吊荷重验算抱杆或吊臂的强度，符合要求后方可使用，严禁超载使用。

（2）为防止抱杆或吊车倾倒，在使用抱杆起吊时，抱杆各部位拉线应调整好，工器具应正确使用，强度要足够，拉线受力均匀，各拉线均由专人看守，地锚牢固可靠。

在使用吊车起吊时，吊车的四个支撑腿用可靠的枕木垫好，起吊过程中要有专人看守或专人指挥。

（3）整体起立钢管塔时，各部绑扎点必须牢固，位置正确，吊臂和钢管下面不得有人逗留。

4.2.6 杆架设备安装安全措施

（1）高处作业必须系好安全带，安全带挂在上方牢固可靠处，高空作业人员应衣着灵便，衣袖、裤脚应扎紧，穿软胶底鞋。

（2）在断路器安装调整及安装引线时，严禁上下抛掷工具，应使用专绳传递。

（3）做引线时，不能使断路器接线板受力，防止拉坏接线板。

（4）严禁上下交叉作业，防止高空坠物伤及人和设备。

（5）工作前要认真检查工器具，不得以小代大，检查后要做好记录。

4.2.7 放紧线及附件安装安全措施

（1）放线架、线盘应有专人看守。

（2）支撑在坚实的地面上，松软地面应采取加固措施。放线轴与导线伸展方向应形成垂直角度。

（3）放线、紧线工作均应有专人指挥、统一信号，并做到通信畅通、加强监护。工作前应检查放线、紧线工具及设备是否良好。

（4）紧线前，应检查导线有无障碍物挂住，紧线时，应检查接线管或接线头以及过滑轮、横担、树枝、房屋等处有无卡住现象。如遇导、地线有卡、挂住现象，应松线后处理。处理时操作人员应站在卡线处外侧，采用工具、大绳等撬、拉导线。严禁用手直接拉、推导线。

（5）高处作业应使用工具袋，较大的工具应固定在牢固的构件上，不准随便乱放。上下传递物件应用绳索拴牢传递，严禁上下抛掷。

4.2.8 拆旧工作安全措施

10kV××支线 01～07 号杆拆旧作业，街道两旁作业且人员密集，故设专人看守，由卢××负责，并在施工范围内装设围栏，以免无关人员进入施工现场。同时，注意过往车辆和行人，作业现场还应设交通双向警示牌。

4.3 应急处置措施

4.3.1 外力伤害

（1）现场负责人立即组织救援人员迅速脱离危险区域，查看和了解受伤人数、症状等情况。

（2）现场负责人组织开展救治工作，根据受伤情况用急救箱药品做紧急处理。

（3）根据现场情况，拨打"120"、"110"报警求援，将伤者送往医院救治。

4.3.2 高空坠落

（1）作业人员坠落至高处或悬挂在高空时，现场人员应立即使用绳索或其他工具将坠落者解救至地面进行检查、救治；如果暂时无法将坠落者解救至地面，应采取措施防止脱出坠落。

（2）对于坠落地面人员，现场人员应根据伤者情况采取止血、固定、心肺复苏等相应急救措施。

4.3.3 突发触电事故

（1）现场人员立即使触电人员脱落电源。一是立即通知有关供电单位（调度或运行值班人员）或用户停电。二是戴上绝缘手套，穿上绝缘靴，用相应电压等级的绝缘工具按顺序拉开电源开关、熔断器或将带电体移开。三是采取相关措施使保护装置动作，断开电源。

（2）如触电人员悬挂高处，现场人员应尽快解救至地面；如暂时不能解救至地面，应考虑相关方坠落措施，并向消防部门求救。

（3）根据触电人员受伤情况，采取止血、固定、人工呼吸、心肺复苏等相应急救措施。

（4）现场人员将触电人员送往医院救治或拨打"120"急救电话求救。

4.3.4 突发交通事故

（1）发生交通事故后，驾驶员立即停车，拉紧手制动，切断电源，开启双闪警示灯，在车后 50～100m 处设置危险警告标志，夜间还需开启示廓灯和尾灯；组织车上人员疏散到路外安全地点。

（2）在警察未到达现场前，要保护好现场，并做好现场安全措施。避免二次伤害的现场措施如下：

1）立即打开闪光警示灯，夜间还应当同时开启示廓灯和后位灯，以提高后面来车的注意力。

2）在有可能来车方向约 50～100m 处摆放三角警示牌（高速公路警告标志应当设置在故障车来车方向 150m 以外）。

（3）检查人员伤亡和车辆损坏情况，利用车辆携带工具解救受困人员，转移至安全地点；解救困难或人员受伤时向公安、急救部门报警救助。

（4）在抢救伤员、保护现场的同时，应及时亲自或委托他人向肇事点辖区公安交通管理部门报案；公安 110 联动中心或交通事故报警电话号码，全国统一为"122"。报告内容有：肇事地点、时间、报告人和姓名、住址、肇事车辆及事故的死伤和损失情况等。交警到达现场后，一切听从交警指挥并主动如实地反映情况，积极配合交警进行现场勘察和分析等。

4.3.5 联系方式

1. 联络员：沈×× 电话：×××××××××
2. ××县人民医院 电话：×××××××××
3. ××县公安局 电话：×××××××××
4. ××县消防队 电话：×××××××××

4.4 其他补充安全措施

（1）本工程 2～3 号档跨越了××台区的低压线路，放线时，应做好安全措施，搭好可靠的跨越设施。

（2）本工程 2～3、8～9 号档跨越了通信线路，放线时，应先取得主管部门同意，做好安全措施，搭好可靠的跨越设施。

（3）本工程 5～6 号跨越乡村公路，放线时，应做好安全措施，在路口设警示牌并专人持信号旗看守。

（4）本工程 8～13 号与运行中的 10kV××线平行，水平距离约 5m，现场安排专人监护，保持对带电体的安全距离。

注：应依据勘察情况，据实填写。

施工方案交底学习签名表

组织人	学 习 人	时间
第一次交底		
项目经理（签字）	施工项目部成员（签字）	
第二次交底		
项目经理（签字）	施工项目部成员（签字）	

三、杆架变压器台施工方案编制实例

10kV ××线××台区改造工程
（含 10kV ××支线及低压部分）

施工作业方案

施工单位名称（盖章）

二〇××年××月

签 署 页

		签名	日期	意见
业主项目部	批准	项目经理	×月×日	同意
	审核	项目专职	×月×日	已审核,同意报批
监理公司	批准	总监或监理组长	×月×日	同意
	审核	技术专监	×月×日	已审核,同意报批
施工单位	批准	项目经理	×月×日	同意报审
	校核	安全员	×月×日	已校核,同意报批
	编制	(技术员)	×月×日	已编制完整,报批

签 批 页

		签名	日期	意见
批准			×月×日	同意
会签部门	运行部门2		×月×日	同意执行此方案
	运行部门1		×月×日	同意执行此方案
	调度部门		×月×日	同意执行此方案
	建设部门2		×月×日	同意执行此方案
	建设部门1		×月×日	同意执行此方案

目　录

第一部分　工程概况及工作量清单

1.1　工程简介

　　××台区投运于 2001 年，位于××县××镇××（具体地点），该台区配电变压器 100kVA，客户 126 户，导线型号为 LGJ-35，迎峰度夏期间配电变压器出现重过载，低压线路经常超负荷烧断，电杆为 8m 锥形水泥杆，存在部分电杆裂纹，导线多处接头和断股等安全隐患，需对该台区进行改造。拆除原 LGJ-35 导线，改造 10kV ××支线导线型号为 JKLYJ-10-70，电杆为 12m 杆，更换配电变压器 200kVA，低压线路改造后导线型号为 JKLYJ-1-120，电缆为 YJV22-1-4×120，电杆为 10m 杆，能有效消除安全隐患，提高供电的可靠性。

1.2　工作量清单

1.2.1　新建部分（无）

1.2.2　改造部分

序号	材料名称	工作内容	规格型号	数量
1	电杆	10kV ××支线 01～15 号杆杆洞开挖、运杆及立杆	190/12m	15 根
2	导线	10kV ××支线 01～15 号杆安装金具、铁附件及架设导线	JKLYJ-10-240	0.78km
3	配电变压器	更换变压器	S11-200kVA	1 台
4	电缆	更换电缆	YJV22-1-4×120	0.3km

续表

序号	材料名称	工作内容	规格型号	数量
5	电杆	0.4kV ××线01～10号杆安装金具、铁附件及架设导线	JKLYJ-1-120	0.54km
6	导线	0.4kV ××支线01～10号杆杆洞开挖、运杆及立杆	190/10m	10根

1.2.3 拆旧部分

序号	材料名称	工作内容	规格型号	数量
1	电杆	10kV ××线01～15号杆电杆拆除	150/10m	15根
2	导线	10kV ××线01～15号杆金具、铁附件及导线拆除工作	LGJ-35	0.78km
3	配电变压器	变压器拆除	S11-100kVA	1台
4	电缆	电缆拆除	YJV22-1-4×50	0.3km
5	电杆	0.4kV ××线01～10号杆电杆拆除	150/8m	10根
6	导线	0.4kV ××线01～10号杆金具、铁附件及导线拆除工作	LGJ-35	0.5km

1.3 现场勘察及施工平面示意图

1.3.1 勘察记录

序号	勘测项目	勘 测 记 录
1	停电范围	1. 断开10kV ××主线50号杆××D××开关； 2. 拉开10kV ××主线50号杆××D×××隔离开关； 3. 在10kV ××主线53、59号杆上验明无电压后立即装设操作接地线壹组； 4. 在10kV ××主线50号杆上悬挂"禁止合闸，线路有人工作"的标识牌； 5. 在工作地段两端及交叉跨越线路装设接地线

序号	勘测项目	勘 测 记 录
2	保留带电部位	10kV ××主线 50 号杆××D××开关电源侧,接地线及接地线以外部分视为带电线路
3	交叉、临近带电线路	10kV ××线与 10kV ××主线 01～05 号杆平行,水平距离约 5m
4	多电源自发电情况	无
5	地下管网情况	无
6	其他影响因素	无

1.3.2　施工平面示意图

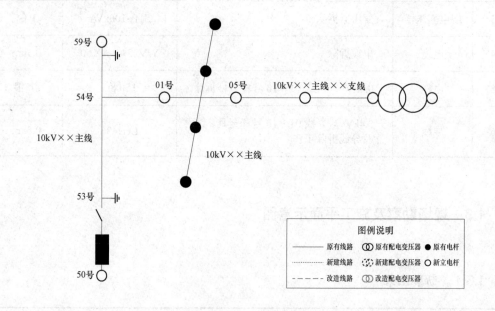

第二部分 组 织 措 施

2.1 工程组织情况

序号	参建单位	单位名称	负责人	电话
1	建设单位	××县供电分公司	周××	×××××××
2	设计单位	××设计公司	罗××	×××××××
3	监理单位	××监理公司	祁××	×××××××
4	施工单位	××建设公司	李××	×××××××

2.2 现场施工组织

序号	姓名	工作职务	工作职责	电话
1	沈××	施工负责人	全面工作	××××××××
2	卢××	安全员	安全工作	××××××××
3	熊××	技术员	技术工作	××××××××
4	饶××	一队队长	一队相应工作	××××××××
5	彭××	二队队长	二队相应工作	××××××××
6	方××	材料管理员	材料领用及整理	××××××××
7	龙××	工器具管理员	工器具领用和检查	××××××××
8	梅××	后勤管理员	后勤工作	××××××××
9	张××等10人	技工	现场施工	
10	林××等10人	普工	辅助施工	

第三部分 技 术 措 施

3.1 施工工器具准备

序号	名称	单位	数量	备 注
1	紧线机	台	4	
2	钢丝绳、白棕绳	m	若干	
3	对讲机	台	4	
4	临时地锚	套	2	
5	个人工器具	套	10	
6	放线盘	个	1	
7	汽油发电机	台	1	
8	手板葫芦	只	2	
9	绞磨机	台	1	
10	放线架	台	1	
11	断线钳	个	2	
12	手磨机	台	1	
13	电镐	台	1	
14	大锤（4kg）	个	2	
15	炮车	个	1	
16	钝铲	个	3	
17	滑轮	个	6	

序号	名称	单位	数量	备　注
18	液压压接钳	只	2	
19	喷灯	台	2	
20	吊车	辆	1	

3.2　安全工器具准备

序号	名称	单位	数量	备　注
1	脚扣	付	10	
2	安全带	付	10	
3	10kV 验电器	支	2	
4	10kV 接地线	组	2	
5	绝缘手套	付	2	
6	绝缘靴	付	2	
7	安全帽	顶	20	
8	工器具包	个	10	
9	手持照明灯	只	2	
10	个人安保线	付	10	
11	急救箱	只	1	
12	安全警示牌	块	10	
13	安全警示带	卷	5	
14	0.4kV 验电器	支	2	
15	0.4kV 接地线	组	2	

3.3 现场施工车辆准备

序号	车辆名称	单位	数量	用途
1	工程车	总负责人	1	协调现场施工
2	工程车	施工一队	1	现场施工
3	工程车	施工二队	1	现场施工

3.4 施工基本条件

（1）天气晴好，无雷、雨、雪、雾及五级以上大风。

（2）通信联络畅通。

（3）工作人员无妨碍工作的疾病。

（4）所有施工机具经检查合格后运至施工现场。

（5）所有吊机等特殊作业，工作人员需持证上岗。

3.5 工作流程

现场勘测编制→施工"三措一案"→施工准备现场→施工过程→施工结束工艺质检。

3.6 质量控制措施

施工工艺及质量严格按照《国家电网公司配电网工程典型设计 10kV 架空线路分册（2016 年版）》规范要求进行施工，部分重点施工环节质量要求如下（包括但不限于）。

3.6.1 电杆组立及铁附件安装质量控制措施

（1）电杆起立前检查顶端是否封堵良好，电杆是否弯曲，杆身是否有裂纹。当肉眼无法直观看出有裂纹时，用水浇湿杆身，待干后即可。

（2）直线杆的横向位移不应大于 50mm；电杆的倾斜不应使杆梢的位移大于半个杆梢。

（3）转角杆应向外角预偏，倾斜不应使杆梢位移大于一个杆梢，紧线后不应向内角倾斜。

（4）终端杆应向拉线侧预偏，倾斜不应使杆梢位移大于一个杆梢，紧线后不应向拉线反方向倾斜。

（5）电杆立好后迅速回填，回填土时每 30cm 夯实一次，杆根回填土高出地面不小于 30cm。沥青路面或砌有水泥花砖的路面不留防沉土台。

（6）横担安装要求：

1）高压：采用单担，横担安装中心水平面离杆顶 1000mm，杆顶支架抱箍中心点离杆顶 150mm。

2）低压：采用单担，横担安装中心水平面离杆顶 150mm。

3）横担安装方向应垂直于线路方向，安装在线路受电侧，横担上下倾斜、左右扭斜及端部位移误差不超过 20mm。

4）横担上下倾斜、左右扭斜及端部位移误差不超过 20mm。

5）高低压同杆架设时，两根横担中心水平垂直距离为 1500～2000mm。每根电杆必须统一。

（7）组立电杆采用吊车立杆，吊车四脚应固定平稳，伸开吊臂，用钢丝绳绑捆电杆，电杆中上方用牵引线捆住，吊臂慢慢延伸与杆洞位置适度，放入杆洞，起吊臂下严禁站人。

（8）电杆埋设深度表

杆长（m）	8	10	12	15	18
埋深（m）	1.5	1.7	1.9（2.2）	2.3（2.5）	2.8（3）

注　双回及以上线路电杆埋深选取括号内数值。

本工程规格是 15m 水泥杆单回线路，即选用电杆埋深为 2.3m。

3.6.2　铁塔组装及铁附件安装质量控制措施

本工程无铁塔。

3.6.3 放线、紧线施工质量控制措施

（1）要求检查导线有无断股、锈蚀、损坏、烧伤痕迹，连接线夹是否缺弹簧和螺帽松扣。

（2）绝缘线不得在地面、杆塔、横担、绝缘子或其他物体上拖拉，应使用专用滑轮，滑轮直径应适当，以防损伤绝缘层。

（3）紧线时将其中一端作为挂线端，并与悬式绝缘子相连，挂在横担上。另一端布置紧线工具，紧线的卡线器应使用面接的卡线器。在绝缘线上缠塑料或橡胶包带，防止损伤绝缘层；确认沿线无障碍物后使用紧线工具并在专人指挥下，将导线紧固，一边收紧导线、一边观察弧垂，保证三相一致。

（4）绝缘子有无脏污、裂纹、破损、闪络烧伤痕迹。

（5）检查有无锈蚀、变形、销子针及各部螺帽有无松脱、缺损等。

3.6.4 杆上设备施工质量控制措施

（1）安装前需核实断路器的技术性能，参数符合要求。做分合闸试验时操作机构分合动作正确可靠，指示清晰。

（2）瓷件、套管良好、外壳干净、无渗漏油现象。安装牢固可靠，水平倾斜不大于托架长度的 1/100。

（3）断路器外壳与接地线连接可靠，测量接地电阻不大于 10Ω。

（4）10kV 线路上安装在绝缘导线的避雷器顶端与不锈钢引流环应保持合适的间隙。

3.6.5 电缆敷设施工质量控制措施

（1）开挖电缆沟的深度应大于 700mm，宽度为 350mm。

（2）清除沟内杂物，铺完底砂或细土。

（3）电缆在沟内敷设应有适量的蛇型弯，电缆的两端应留有适当的余度。

（4）电缆敷设完毕、应请建设单位、监理单位及施工单位的质量检查部门共同进行隐蔽工程验收。

（5）隐蔽工程验收合格，电缆上下分别铺盖 10cm 沙子或细土，然后用砖或电缆盖板将电缆盖好，覆盖宽度应超过电缆两侧 5cm。

（6）回填土前，再作一次隐蔽工程检验，合格后，应及时回填土并进行夯实。

（7）电缆在直线段中间加设标桩，标桩露出地面以 15cm 为宜。

（8）电缆首端、终端均设明显电缆标志牌。

3.6.6　杆架变压器台安装安全措施

（1）安装变压器台时变压器台结构牢固，无倾斜现象，金属构件无松垃、锈蚀，安装良好，主台各部尺寸电气距离和对地高度符合规程规定，避雷器试验合格，安装正确与接地引线接触良好。

（2）配电变压器安装采用吊车吊装，吊车四脚应固定平稳，伸开吊臂，用钢丝绳绑捆变压器，变压器下方用牵引线捆住，吊臂慢慢延伸与变压器台位置适度，轻放变压器台上，起吊臂下严禁站人。

3.7　不停电施工计划

开始时间	结束时间	工作内容	工作安排	人员配备
201×年××月××日	201×年××月××日	10kV ××支线 01～15 号杆、低压××线 01～10 号杆、变压器台杆洞开挖	李××、刘××等 6 人负责组立电杆，韩××负责安全监护及质量把控工作	7 人
201×年××月××日	201×年××月××日	10kV ××支线 01～15 号杆、低压××线 01～10 号杆、变压器台组立电杆	李××、刘××等 8 人负责组立电杆，韩××负责安全监护及质量把控工作	9 人
201×年××月××日	201×年××月××日	10kV ××支线 18 号杆变压器台附件安装	艾××、章××负责真空断路器及附件安装，陆××负责安全监护及质量把控工作	3 人
201×年××月××日	201×年××月××日	清点、转运工器具及材料	沈××、陆××负责清点和转运工作，陆××负责看管和发放	2 人

3.8 停电期间工作安排

第一次停电，计划停电时间：201×年××月，停电时长：×小时

序号	工作内容	工作安排	人员配备
1	10kV ××主线55号杆工作接地线装设（53 号杆工作接地线与操作接地线重合）、10kV ××线 19 号杆工作接地线装设	55、19 号杆接地线装设由刘××等 2 人负责，沈××负责监护工作	3 人
2	10kV ××支线 01～15 号杆杆洞开挖、组立电杆	1. 张××等 3 人负责杆洞开挖； 2. 金××等 3 人负责组立电杆； 3. 吴××负责安全监护及质量把控工作	6 人
3	10kV ××支线 01～15 号杆铁附件、金具安装	张××等 5 人负责铁附件、金具安装，吴××负责安全监护及质量把控工作	6 人
4	10kV ××支线 01～15 号架设导线	林××等 5 人负责导线架设工作，吴××负责安全监护及质量把控工作	6 人

第二次停电，计划停电时间：201×年××月，停电时长：×小时

序号	工作内容	工作安排	人员配备
1	电缆沟开挖、电缆 T 接	1. 周××等 5 人负责电缆沟开挖、电缆 T 接工作； 2. 曾××负责安全监护及质量把控工作	5 人
2	10kV ××支线 08～15 号铁附件、金具安装、架设导线	1. 张××等 5 人负责铁附件、金具安装、架设导线工作； 2. 安××负责安全监护及质量把控工作	6 人
3	10kV ××线 01～10 号杆、变压器、0.4kV ××线 01～10 号杆拆旧工作	王××等 8 人拆旧工作，卢××负责安全监护工作	9 人

3.9 涉及停电线路或设备

10kV ××主线和 10kV ××线部分。

42

第四部分　施工安全措施及注意事项

安全措施及注意事项严格按照《国家电网公司电力安全工作规程　电网建设部分（试行）》实施，重要环节安全措施及注意事项如下（包括但不限于）。

4.1　通用安全措施

（1）严格执行"停电、验电、装设接地线、使用个人保安线、装设遮（围）栏和悬挂标示牌"等技术措施。

（2）进入施工现场必须戴好安全帽，杆上作业必须系好安全带。

（3）施工要有专人指挥、监护。

（4）做好施工方案的学习，分班组开展班前、班后会。

（5）加强班组人员管理，确保每个班组作业人员必须在本班组工作地段内活动，严禁到其他班组负责线路范围内作业。

（6）做好交叉跨越、平行线路的安全警示标示，加装个人保安线，防误登杆。

（7）接地线统一编号，明确每个班组接地线的数量和编号，作业前对所有安全工器具进行清查。

4.2　专用安全措施

4.2.1　电杆及拉线基坑开挖安全措施

（1）挖坑（沟）时，应及时清除坑口、沟边附近浮土、石块，坑边禁止外人逗留；在超过 1.5m 深的坑（沟）内作业时，向坑（沟）外抛掷土石应防止土石回落坑（沟）内；作业人员不得在坑（沟）内休息。

（2）在土质松软处挖坑（沟），应有防止塌方措施，如加挡板、撑木等；不得站在挡板、撑木上传递土石或放置传土工具；禁止由下部掏挖土层。

（3）开挖坑（沟）过程中使用的锹镐，防止磕手、刨脚；传递工具时不许乱扔，防止误伤人。

（4）开挖杆坑完成后做好防护措施，防止失足坠落事故。

4.2.2 现浇基础开挖及浇制安全措施

基础开挖应按设计要求施工，挖出的泥沙应远离坑口 1m 以上放置，防止抛土回落坑内；基坑过深时，要有专人监护，并采取措施防止坑壁坍塌。

4.2.3 组立电杆安全措施

（1）立杆时应设专人指挥，统一信号，并保证信号畅通。

（2）立杆塔要使用合格的起重设备，严禁过载使用。

（3）立杆塔过程中基坑内、吊件垂直下方、受力钢丝绳的内角侧严禁有人。除指挥人及指定人员外，其他人员应在离开杆塔高度的 1.2 倍距离以外。

（4）整体立杆塔前应进行全面检查，各受力、连接部位全部合格方可起吊。杆顶起立离地约 0.8m 时，应对杆塔进行一次冲击试验，对各受力点处作一次全面检查，确无问题，再继续起立；起立 70° 后，应减缓速度，注意各侧拉线；起立至 80° 时，停止牵引，用临时拉线调整杆塔。

4.2.4 铁塔组立安全措施

本工程无铁塔。

4.2.5 钢管杆组立安全措施

本工程无钢管杆。

4.2.6 杆架设备安装安全措施

（1）高处作业必须系好安全带，安全带挂在上方牢固可靠处，高空作业人员应衣着灵便，衣袖、裤脚应扎紧，穿软胶底鞋。

（2）在断路器安装调整及安装引线时，严禁上下抛掷工具，应使用专绳传递。

（3）做引线时，不能使断路器接线板受力，防止拉坏接线板。

（4）严禁上下交叉作业，防止高空坠物伤及人和设备。

（5）工作前要认真检查工器具，不得以小代大，检查后要做好记录。

4.2.7 放紧线及附件安装安全措施

（1）放线架、线盘应有专人看守。

（2）支撑在坚实的地面上，松软地面应采取加固措施。放线轴与导线伸展方向应形成垂直角度。

（3）放线、紧线工作均应有专人指挥、统一信号，并做到通信畅通、加强监护。工作前应检查放线、紧线工具及设备是否良好。

（4）紧线前，应检查导线有无障碍物挂住，紧线时，应检查接线管或接线头以及过滑轮、横担、树枝、房屋等处有无卡住现象。如遇导、地线有卡、挂住现象，应松线后处理。处理时操作人员应站在卡线处外侧，采用工具、大绳等撬、拉导线。严禁用手直接拉、推导线。

（5）高处作业应使用工具袋，较大的工具应固定在牢固的构件上，不准随便乱放。上下传递物件应用绳索拴牢传递，严禁上下抛掷。

4.2.8 杆架变台安装安全措施

柱上变压器台架安装应按江西省电力公司《柱上变压器典型设计标准》进行施工；柱上变压器台架工作前，应检查确认台架与杆塔连接牢固，接地体良好，做好防坠措施。

4.2.9 拆旧工作安全措施

10kV ××线01~15号杆、变压器、0.4kV ××线01~07号杆拆旧作业，街道两旁作业且人员密集，故设专人看守，由卢××负责，并在施工范围内装设围栏，以免无关人员进入施工现场。同时，注意过往车辆和行人，作业现场还应设交通双向警示牌。

4.3 应急处置措施

4.3.1 外力伤害

（1）现场负责人立即组织援救人员迅速脱离危险区域，查看和了解受伤人数、症状等情况。

（2）现场负责人组织开展救治工作，根据受伤情况用急救箱药品做紧急处理。

（3）根据现场情况，拨打"120"、"110"报警求援，将伤者送往医院救治。

4.3.2 高空坠落

（1）作业人员坠落至高处或悬挂在高空时，现场人员应立即使用绳索或其他工具将坠落者解救至地面进行检查、救治；如果暂时无法将坠落者解救至地面，应采取措施防止脱出坠落。

（2）对于坠落地面人员，现场人员应根据伤者情况采取止血、固定、心肺复苏等相应急救措施。

4.3.3 突发触电事故

（1）现场人员立即使触电人员脱落电源。一是立即通知有关供电单位（调度或运行值班人员）或用户停电。二是戴上绝缘手套，穿上绝缘靴，用相应电压等级的绝缘工具按顺序拉开电源开关、熔断器或将带电体移开。三是采取相关措施使保护装置动作，断开电源。

（2）如触电人员悬挂高处，现场人员应尽快解救至地面；如暂时不能解救至地面，应考虑相关方坠落措施，并向消防部门求救。

（3）根据触电人员受伤情况，采取止血、固定、人工呼吸、心肺复苏等相应急救措施。

（4）现场人员将触电人员送往医院救治或拨打"120"急救电话求救。

4.3.4 突发交通事故

（1）发生交通事故后，驾驶员立即停车，拉紧手制动，切断电源，开启双闪警示灯，在车后 50～100m 处设置危险警告标志，夜间还需开启示廓灯和尾灯；组织车上人员疏散到路外安全地点。

（2）在警察未到达现场前，要保护好现场，并做好现场安全措施。避免二次伤害的现场措施如下：

1）立即打开闪光警示灯，夜间还应当同时开启示廓灯和后位灯，以提高后面来车的注意力。

2）在有可能来车反向约 50～100m 处摆放三角警示牌（高速公路警告标志应当设置在故障车来车方向150m 以外）。

（3）检查人员伤亡和车辆损坏情况，利用车辆携带工具解救受困人员，转移至安全地点；解救困难或人员受伤时向公安、急救部门报警救助。

（4）在抢救伤员、保护现场的同时，应及时亲自或委托他人向肇事点辖区公安交通管理部门报案；公安 110 联动中心或交通事故报警电话号码，全国统一为"122"。报告内容有：肇事地点、时间、报告人和姓名、住址、肇事车辆及事故的死伤和损失情况等。交警到达现场后，一切听从交警指挥并主动如实地反映情况，积极配合交警进行现场勘察和分析等。

4.3.5 联系方式

1. 联络员：沈××　　电话：×××××××
2. ××县人民医院　　电话：×××××××
3. ××县公安局　　电话：×××××××
4. ××县消防队　　电话：×××××××

4.4 其他补充安全措施

（1）本工程 2～3 号档跨越了通信线路，放线时，应先取得主管部门同意，做好安全措施，搭好可靠的跨越设施。

（2）本工程 5～6 号跨越乡村公路，放线时，应做好安全措施，在路口设警示牌并专人持信号旗看守。

（3）本工程 8～13 号与运行中的 10kV ××线平行，水平距离约 5m，现场安排专人监护，保持对带电体的安全距离。

注：应依据勘察情况，据实填写。

施工方案交底学习签名表

组织人	学 习 人	时间
第一次交底		
项目经理（签字）	施工项目部成员（签字）	
第二次交底		
项目经理（签字）	施工项目部成员（签字）	

四、户外环网柜更换（含电缆）工程施工方案编制实例

××变电站10kV ××线××路户外环网柜更换工程（含电缆）

施工作业方案

施工单位名称（盖章）

二○××年××月

签 署 页

		签名	日期	意见
业主项目部	批准	项目经理	×月×日	同意
	审核	项目专职	×月×日	已审核，同意报批
监理公司	批准	总监或监理组长	×月×日	同意
	审核	技术专监	×月×日	已审核，同意报批
施工单位	批准	项目经理	×月×日	同意报审
	校核	安全员	×月×日	已校核，同意报批
	编制	（技术员）	×月×日	已编制完整，报批

签　批　页

		签名	日期	意见
批准			×月×日	同意
会签部门	运行部门 2		×月×日	同意执行此方案
	运行部门 1		×月×日	同意执行此方案
	调度部门		×月×日	同意执行此方案
	建设部门 2		×月×日	同意执行此方案
	建设部门 1		×月×日	同意执行此方案

目　　录

第一部分 工程概况及工作量清单

1.1 工程简介

本工程主要是更换安装××变电站 10kV 线路月池路线 01 号环网柜，该环网柜主要间隔为：

901 间隔为进线电源（接××变电站 911）；

902 间隔为联络间隔（接洪××线 01 号环网柜）；

903 间隔为出线间隔（接月×路线 02 号环网柜）；

904、905、906 间隔为备用间隔。

1.2 工作量清单

1.2.1 新建部分（无）

1.2.2 改造部分

序号	主要设备、材料名称	型号	单位	数量	备注
1	户外环网柜	2 进 4 出	台	1	
2	DTU	8 路	台	1	

1.2.3 拆旧部分

序号	主要设备、材料名称	型号	单位	数量	备注
1	户外环网柜	2 进 2 出	台	1	

1.3 现场勘察及施工平面示意图

1.3.1 勘察记录

序号	勘测项目	勘 测 记 录
1	停电范围	1. 向调度申请断开电源进线侧××变电站10kV月×路线913间隔开关、隔离开关，并合上接地开关，并悬挂禁止合闸标志； 2. 出线侧断开洪××线01号环网柜×××号间隔联络开关、隔离开关，验明无电后立即合上接地开关，并悬挂禁止合闸标志； 3. 出线侧断开月×路线02号环网柜×××号间隔开关、隔离开关，验明无电后立即合上接地开关，并悬挂禁止合闸标志
2	保留带电部位	1. 出线侧除洪××线01号环网柜除×××号间隔外，其余部分带电； 2. 出线侧月×路线02号环网柜除×××号间隔外，其余部分带电
3	交叉、临近带电线路	无
4	多电源自发电情况	无
5	地下管网情况	无
6	其他影响因素	无

1.3.2 施工平面示意图

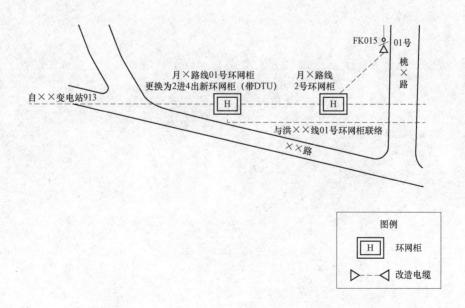

55

1.3.3 环网柜系统一次图

月池路线01号环网柜

906	905	904	903	902	901

备用 备用 备用 至月×路线02HW 至洪××线01HW联络 至朝×变电站911

第二部分　组　织　措　施

2.1　工程组织

序号	参建单位	单位名称	负责人	电话
1	建设单位	××市供电公司	×××××	×××××××××××
2	设计单位	××设计公司	×××××	×××××××××××
3	监理单位	××监理公司	×××××	×××××××××××
4	施工单位	××建设公司	吴××	×××××××××××

2.2　现场施工组织

序号	姓名	工作职务	工作职责	电话
1	吴××	项目经理	全面工作	×××××××××
2	李××	安全监督员	安全工作	×××××××××
3	光××	工作负责人	现场组织工作	×××××××××
4	陈××	质量技术员	质量与技术	×××××××××
5	杨××	材料管理员	材料出入库及验收	×××××××××
6	李××	工作票签发人	工作票签发及三方协调	×××××××××
7	张××	资料、预算员	材料领用及整理	×××××××××
8	张××	施工员	工器具领用和检查	×××××××××
9	×××	起重工	特岗人员	×××××××××
10	张××等	技工 10 人	现场施工	×××××××××
	林××等	普工 10 人	辅助施工	

第三部分 技 术 措 施

3.1 施工工器具准备

序号	名 称	单位	数量	备 注
1	电焊机	台	3	380V 交流电机
2	发电机	台	2	380/220V
3	吊车	辆	1	徐工 12t
4	挖掘机	辆	1	徐工
5	电工工具包	套	10	电工常用工具
6	气罐、喷枪	套	3	/
7	压线钳	台	3	25~240
8	电动手砂轮	个	3	/
9	液压剪	台	3	20t
10	手扳葫芦	套	4	8t
11	开孔机	台	1	KJ-80
12	声光验电器	套	5	10kV
13	接地绝缘电阻表	台	1	0~1/10/100Ω
14	万用表	套	3	MF-47
15	绝缘电阻测试仪	台	1	5kV
16	绝缘电阻棒	套	2	35kV
17	接地线	套	10	10kV
18	劳保服、手套、鞋、安全帽	套	10	/

序号	名称	单位	数量	备　注
19	绝缘服、手套、靴	套	2	10kV
20	对讲机	部	10	摩托罗拉

3.2　安全工器具准备

序号	名称	单位	数量	备　注
1	安全帽	个	10	
2	安全带	付	80	
3	脚扣	付	80	
4	绝缘手套	双	2	
5	绝缘靴	双	2	
6	绝缘衣	套	2	试验周期：1年
7	接地线	套	10	
8	电容式验电器	个	10	
9	绝缘棒	套	2	
10	接地电阻测试仪	条	10	
11	绝缘电阻测试仪	块	10	
12	安全围栏绳	台	1	/
13	标示牌	台	1	/

3.3　现场施工车辆准备

序号	车辆名称	单位	数量	用途
1	吊车 12t	辆	1	吊装
2	挖掘机	辆	1	挖土石方

序号	车辆名称	单位	数量	用途
3	叉车（3t）	辆	1	起重
4	货车双排（5m）	辆	2	载重，运输设备、材料等
5	货车双排（6m）	辆	2	载重，运输设备、材料等
6	皮卡	辆	2	客货两用，工器具进退场
7	客车（12座）	辆	1	载施工人员
8	面包车（7座）	辆	2	载施工人员
9	商务车	辆	2	现场管理使用
10	轿车	辆	1	现场管理使用

3.4　施工基本条件

（1）天气晴好，无雷、雨、雪、雾及五级以上大风。

（2）通信联络畅通。

（3）工作人员无妨碍工作的疾病。

（4）所有施工机具经检查合格后运至施工现场。

（5）所有吊机等特殊作业，工作人员需持证上岗。

3.5　工作流程

现场勘测编制→施工"三措一案"→施工准备现场→施工过程→施工结束工艺质检。

3.6　质量控制措施

施工工艺及质量严格按照《国家电网公司配电网工程典型设计　10kV 配电设计分册（2016 年版）》规范要求进行施工，部分重点施工环节质量要求如下（包括但不限于）。

3.6.1 环网柜基础改造

（1）实地勘察，现场测量基础尺寸，依据已购置环网柜尺寸确定基础改造方案。

（2）购置改造基础所用砖、沙、水泥、接地等材料并运送到场。

（3）依据所确定方案对接地网、基础进行改造。

3.6.2 吊装要点

吊装新旧环网柜起吊点应绑牢，吊钩悬挂点应与设备的重心在同一垂直线上，吊钩吊绳应保持垂直，严禁偏拉斜吊，落钩时应防止环网柜局部着地引起吊绳偏斜，吊装需专人指挥，参与吊装施工人员要听从指挥。

3.6.3 环网柜拆除

（1）拆除柜体与基础槽钢连接螺栓，如螺栓锈蚀严重，可采用切割方式，严禁直接用吊车移除环网柜。

（2）柜内 T 型高压电缆终端头拆除注意保护绝缘层，终端头拆除后应采取防护措施，以防吊装时破坏绝缘层；终端头拆除前应做好相色标记。

3.6.4 环网柜安装

环网柜安装前应检查环网柜的部、器件有无损坏，各种附件是否齐全，各种技术资料是否齐全。彻底清扫环网柜内灰尘及异物，屏柜等在搬运和吊装时应有防震、防潮、防止柜架变形和漆面受损等措施。

环网柜放至基础型钢后，应调整不直度与水平度，屏柜不宜与基础型钢焊死，屏柜安装垂直度允许偏差为小于 1.5mm/m。

柜体与基础型钢采用螺栓压接或焊接方式固定。

3.6.5 接地线焊接敷设

（1）扁钢与扁钢搭接为扁钢宽度的 2 倍，不少于三面施焊。

（2）扁钢和角钢互相焊接时，除应在接触部位两侧施焊外，还应增加搭接件。

（3）焊接部位应作防腐处理。

（4）分支箱金属外壳要可靠接地，并与接地网相连。

（5）在接地连接处采用螺栓连接的部位使用的螺栓、螺母、平垫片及弹簧垫等均应采用热镀锌的材料。

3.6.6 电缆附件安装接线

（1）电缆终端头的制作，应由经过培训的熟悉工艺的人员进行。

（2）电缆线芯连接金具，应采用符合标准的连接管和接线端子，其内径应与电缆线芯紧密配合，间隙不应过大；截面宜为线芯截面的 1.2～1.5 倍。采用压接时，压接钳和模具应符合规格要求。

（3）电力电缆接地线应采用铜绞线或镀锡铜编织线，其截面积不应小于下表的规定：

电缆截面（mm²）	接地线截面（mm²）
120 及以下	16
150 及以上	25

（4）制作电缆终端与接头，从剥切电缆开始应连续操作直至完成，缩短绝缘暴露时间。剥切电缆时不应损伤线芯和保留的绝缘层。附加绝缘的包绕、装配、热缩等应清洁。

（5）电缆线芯连接时，应除去线芯和连接管内壁油污及氧化层。压接模具与金具应配合恰当。压缩比应符合要求。压接后应将端子或连接管上的凸痕修理光滑，不得残留毛刺。采用锡焊连接铜芯，应使用中性焊锡膏，不得烧伤绝缘。

（6）电缆终端上应有明显的相色标志，且应与系统的相位一致。

（7）一次电缆附件安装完成后，应用防火泥封堵电缆孔。

（8）环网柜内电缆应排列整齐，避免交叉，统一悬挂标识牌，并固定牢固。

3.6.7 电气试验、系统调试

（1）一次调试，设备耐压绝缘试验。

（2）二次保护试验，保护试验，传动调试。

（3）自动化调试，就地调试。

（4）电缆调试，耐压、绝缘试验。

（5）核相。

试验必须至少 2 人以上进行，1 人操作，1 人监护记录，试验结果需提供至建设单位审核备案。

3.7 不停电施工计划

开始时间	结束时间	工作内容	工作安排	人员配备
201×年××月××日	201×年××月××日	技术物资准备	项目经理吴××主持，主要工作负责人参加	8人
201×年××月××日	201×年××月××日	设备材料入库、验收	杨××负责材料设备出入库及开箱验收，陈××负责检查监督	5人
201×年××月××日	201×年××月××日	环网柜试验；工程车辆检查，机具校验	材料由材料管理员杨××负责；车辆机具检查施工负责人光××负责	3人

3.8 停电期间工作安排

计划停电时间：201×年××月，停电时长：×小时

序号	工作内容	工作安排	人员配备
1	停电；接地保护；旧环网柜拆除；基础、接地网改造修补；环网柜安装；电缆终端头制作；电缆接线；电缆试验；测量接地电阻；输入保护定值 高压电缆终端头制作，环网柜安装接线；测量接地电阻，输入保护定值	光××负责现场施工，李××监护，陈××负责质量，杨××负责试验	15人
2	三级自检；参与由建设方组织的联合检查验收	吴××、光××、李××、陈××、张××参加	5人
3	接地保护拆除，申请送电	技工	3人

3.9 涉及停电线路或设备

停电范围：月池路线全线停电、月池路线02环网柜×××间隔、洪大西线01号环网柜×××号间隔。

第四部分 施工安全措施及注意事项

安全措施及注意事项严格按照《国家电网公司电力安全工作规程 电网建设部分（试行）》实施，重要环节安全措施及注意事项如下（包括但不限于）。

4.1 通用安全措施

（1）严格执行"停电、验电、装设接地线、使用个人保安线、装设遮（围）栏和悬挂标示牌"等技术措施。

（2）进入施工现场必须戴好安全帽，杆上作业必须系好安全带。

（3）施工要有专人指挥、监护。

（4）做好施工方案的学习，分班组开展班前、班后会。

（5）加强班组人员管理，确保每个班组作业人员必须在本班组工作地段内活动，严禁到其他班组负责线路范围内作业。

（6）做好交叉跨越、平行线路的安全警示标示，加装个人保安线，防误登杆。

（7）接地线统一编号，明确每个班组接地线的数量和编号，作业前对所有安全工器具进行清查。

4.2 专用安全措施

更换电缆环网柜安全措施如下。

（1）吊装作业操作员与指挥员应具有相应资质，要统一指挥，指挥信号清晰准确；起吊臂下严禁站人。

（2）焊接人员应持证工作，安全防护用具应佩戴完备，操作时严格按焊接安全操作规程进行操作。

（3）认真检查运行人员对线路及电缆头周围停电情况所做安全措施；电缆头逐

相验电并放电后装设地线；检查电气设备是否未可靠接地或接线不规范，以免引起触电。

（4）电缆穿入保护管时，施工人员的手臂与管口应保持一定距离；动用锹、镐挖掘地面时作业人员与挖掘者保持一定的安全距离；作业人员应注意防止被地下障碍物绊倒；使用电缆刀勿刀口向人。

（5）工作结束后核对相位并做好标记；电缆接引后再进行检查与核对。

（6）施工完成后应将电缆穿越过的孔洞进行封堵，达到防火和防水的要求。

（7）传递工具、材料等应拴牢，防止跌落伤人。

4.3 应急处置措施

4.3.1 外力伤害

（1）现场负责人立即组织援救人员迅速脱离危险区域，查看和了解受伤人数、症状等情况。

（2）现场负责人组织开展救治工作，根据受伤情况用急救箱药品做紧急处理。

（3）根据现场情况，拨打"120"、"110"报警求援，将伤者送往医院救治。

4.3.2 高空坠落

（1）作业人员坠落至高处或悬挂在高空时，现场人员应立即使用绳索或其他工具将坠落者解救至地面进行检查、救治；如果暂时无法将坠落者解救至地面，应采取措施防止脱出坠落。

（2）对于坠落地面人员，现场人员应根据伤者情况采取止血、固定、心肺复苏等相应急救措施。

4.3.3 突发触电事故

（1）现场人员立即使触电人员脱落电源。一是立即通知有关供电单位（调度或运行值班人员）或用户停电。二是戴上绝缘手套，穿上绝缘靴，用相应电压等级的绝缘工具按顺序拉开电源开关、熔断器或将带电体移开。三是采取相关措施使保护装置动作，断开电源。

（2）如触电人员悬挂高处，现场人员应尽快解救至地面；如暂时不能解救至地面，应考虑相关方坠落措施，并向消防部门求救。

（3）根据触电人员受伤情况，采取止血、固定、人工呼吸、心肺复苏等相应急救措施。

（4）现场人员将触电人员送往医院救治或拨打"120"急救电话求救。

4.3.4 突发交通事故

（1）发生交通事故后，驾驶员立即停车，拉紧手制动，切断电源，开启双闪警示灯，在车后 50～100m 处设置危险警告标志，夜间还需开启示廓灯和尾灯；组织车上人员疏散到路外安全地点。

（2）在警察未到达现场前，要保护好现场，并做好现场安全措施，避免二次伤害的现场措施如下：

1）立即打开闪光警示灯，夜间还应当同时开启示廓灯和后位灯，以提高后面来车的注意力。

2）在有可能来车方向约 50～100m 处摆放三角警示牌（高速公路警告标志应当设置在故障车来车方向150m 以外）。

（3）检查人员伤亡和车辆损坏情况，利用车辆携带工具解救受困人员，转移至安全地点；解救困难或人员受伤时向公安、急救部门报警救助。

（4）在抢救伤员、保护现场的同时，应及时亲自或委托他人向肇事点辖区公安交通管理部门报案；公安 110 联动中心或交通事故报警电话号码，全国统一为"122"。报告内容有：肇事地点、时间、报告人和姓名、住址、肇事车辆及事故的死伤和损失情况等。交警到达现场后，一切听从交警指挥并主动如实地反映情况，积极配合交警进行现场勘察和分析等。

4.3.5 联系方式

1. 联络员：沈××　　电话：×××××××
2. ××市人民医院　　电话：×××××××
3. ××市公安局　　电话：×××××××

4.××市消防队　　电话：××××××××

4.4　其他补充安全措施

（1）施工单位项目经理全面负责工程各个环网，落实现场安全措施，确保现场通信联络畅通，确保作业人员人身安全。

（2）施工现场应设置明显交通标志，占道作业点应设置护栏和明显警告标志；作业人员应在护栏内进行作业，并安排专人警戒，防止交通事故。

施工方案交底学习签名表

组织人	学 习 人	时间
第一次交底		
项目经理（签字）	施工项目部成员（签字）	
第二次交底		
项目经理（签字）	施工项目部成员（签字）	

五、10kV ××线新增电缆敷设并接入新增环网柜工程编制实例

10kV ××线新增电缆敷设并接入新增环网柜工程

施工作业方案

施工单位名称（盖章）

二○××年××月

签 署 页

		签名	日期	意见
业主项目部	批准	项目经理	×月×日	同意
	审核	项目专职	×月×日	已审核，同意报批
监理项目部	批准	总监或监理组长	×月×日	同意
	审核	技术专监	×月×日	已审核，同意报批
施工项目部	批准	项目经理	×月×日	同意报审
	校核	安全员	×月×日	已校核，同意报批
	编制	技术员	×月×日	已编制完整，报批

签 批 页

	签名	日期	意见
批准		×月×日	同意
会签部门	运行部门1	×月×日	同意执行此方案
	运行部门2	×月×日	同意执行此方案
	调度部门1	×月×日	同意执行此方案
	调度部门2	×月×日	同意执行此方案
	建设部门1	×月×日	同意执行此方案
	建设部门2	×月×日	同意执行此方案

目　录

第一部分　工程概况及工作量清单

1.1　工程简介

本工程为××市城网中低压改造工程之一，主要是新增安装 10kV 试验线试验 01 号环网柜，并从××变电站 10kV××线××01 号环网柜沿管沟敷设 10kV 电缆 600m 至新增安装环网柜。

1.2　工作量清单

1.2.1　新建部分

序号	主要设备、材料名称	型　　号	单位	数量	备注
1	10kV 铜芯电缆	ZRYJV22–10kV–3×300	m	600	
2	10kV 高压环网柜	2 进 4 出	台	1	

1.2.2　改造部分（无）

1.2.3　拆旧部分（无）

1.3　现场勘察及施工平面示意图

1.3.1　勘察记录

序号	勘测项目	勘 测 记 录	备注
1	停电范围	××变电站 10kV ××线 ××01 号环网柜 902 开关间隔	电缆接入时
2	保留带电部位	××变电站 10kV ××线 ××01 号环网柜 901、903、904 开关间隔	电缆接入时
3	交叉、临近带电线路	1. 北×路南 01 号电缆井（××01 号环网柜检修井）内，××01 号环网柜 901 开关间隔进线电缆（"××变电站××线 911 开关间隔—××线 ××01 号环网柜 901 开关间隔"电缆）、903 开关间隔出线电缆（"××线 ××01 号环网柜 903 开关间隔—××1 支线"电缆）、904 开关间隔出线电缆（"××线 ××01 号环网柜 904 开关间隔—××01 号公变"电缆）带电； 2. 北×路 02～05 号电缆井内，××线 ××01 号环网柜 903 开关间隔—××1 支线"电缆带电	全过程
4	多电源自发电情况	无	电缆接入时
5	地下管网情况	1. 北×路 01～12 号电缆井电缆管沟，往南 1.5m 处有燃气管道（符合运行安全要求）； 2. 新建环网柜开闭所基础西侧与北侧已探明距离地下××管道大于 5m（符合运行安全要求）	全过程
6	其他影响因素	施工期间，室外温度预计达到 39℃，井内温度预计达到 50℃	全过程

1.3.2　施工平面示意图

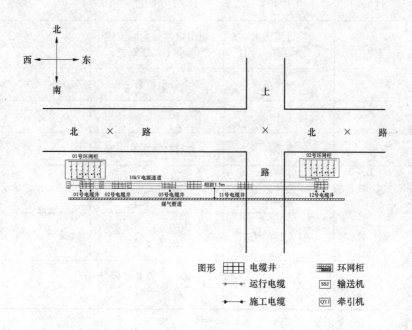

第二部分 组 织 措 施

2.1 工程组织

序号	参建单位	单位名称	项目经理/设总	电话
1	建设单位	××市供电公司	赵××	××××××××××
2	设计单位	××电力设计公司	钱××	××××××××××
3	监理单位	××电力咨询监理有限公司	孙××	××××××××××
4	施工单位	××电力建设公司	李××	××××××××××

2.2 现场施工组织

序号	姓名	工作职务	工作职责	电话
1	张××	项目负责人（工作票签发人）	负责该项目全面工作（负责工作票签发）	××××××××××
2	周××	安全员	负责安全监督工作	××××××××××
3	吴××	现场工作负责人	负责现场工作组织	××××××××××
4	郑××	物资领料员	负责材料领用及整理	××××××××××
5	王××	质量技术员	负责质量检查及资料收集工作	××××××××××
6	陈××	试验组组长	负责电缆、设备试验的组织协调工作	××××××××××
7	光××等4人	试验组技工	负责电缆、设备试验及调运行调试	××××××××××

序号	姓名	工作职务	工作职责	电话
8	林××	电缆接入组组长	负责电缆头制作及接入组织工作	××××××××××
9	冯××等4人	电缆接入组技工	负责电缆头制作及接入工作	××××××××××
10	刘××	电缆敷设组组长（电缆牵引及起重指挥人员）	负责电缆头敷设组织工作（负责电缆牵引及起重指挥工作）	××××××××××
11	邓××等2人	电缆敷设组技工	负责电缆敷设工作	××××××××××
12	陈××等8人	电缆敷设组普工	辅助电缆敷设施工作	××××××××××
13	陈××	输送机操作人员	负责电缆输送工作	××××××××××
14	丁××	牵引机操作人员	负责电缆牵引操作	××××××××××
15	黄××	吊车司机及操作人员	负责吊车操作	××××××××××
16	赵××	起重、挖掘机指挥员	负责起重挖掘指挥、指令	××××××××××
17	杨××	挖掘机司机及操作人员	负责基础挖掘操作	××××××××××
18	谢××	环网柜安装组组长	负责基础制作、环网柜安装组织、指挥工作	××××××××××
19	宗××等3人	环网柜安装技工	基础制作、环网柜安装	××××××××××
20	郭××等3人	环网柜安装普工	辅助基础制作、环网柜安装	××××××××××
21	毛××、刘××	货车司机	负责电缆等材料运输工作	××××××××××
22	谢××、王××	工程车司机	负责施工作业人员运输工作	××××××××××
23	余××	皮卡车司机	负责施工作业人员运输工作	××××××××××

第三部分 技 术 措 施

3.1 施工工器具准备

序号	名称	单位	数量	备　注
1	输送机	台	2	
2	牵引机	台	1	
3	校直机	台	2	
4	滑车	组	20	
5	放线架	个	1	
6	牵引头（网）	套	3	
7	发电机	台	2	380V/220V
8	电缆头制作专用工具	套	2	10kV
9	气罐、喷枪	套	2	
10	电工工具包	套	8	
11	接地绝缘电阻	台	1	
12	万用表	套	3	
13	绝缘电阻测试仪	台	1	
14	核相仪	台	1	
15	对讲机	部	10	
16	通风机	台	2	
17	有毒气体检测仪	台	2	

3.2 安全工器具准备

序号	名称	单位	数量	备 注
1	安全帽	顶	26	
2	绝缘手套	双	2	
3	绝缘鞋	双	26	
4	10kV 验电器	支	2	
5	0.4kV 验电笔	支	3	
6	安全围栏	套	若干	
7	标示牌	个	若干	
8	警示灯	个	5	

3.3 现场施工车辆准备

序号	车辆名称	单位	数量	用 途
1	吊车（12t）	辆	1	吊装
2	挖掘机（15t）	辆	1	挖掘
3	货车双排（6m）	辆	2	载重，运输设备、材料等
4	皮卡	辆	2	客货两用，工器具进退场
5	工程车	辆	2	载施工人员

3.4 施工基本条件

（1）天气晴好，无雷、雨、雪、雾及五级以上大风；环境温度不小于 0℃；中间接头、终端头制作时，空气相对湿度不高于 70%。

（2）通信联络畅通。

（3）工作人员无妨碍工作的疾病；作业人员精神状态良好；施工人员技能水平满足工作要求。

（4）所有施工机具经检查合格、满足待敷设电缆相关技术要求后运至施工现场。

（5）所有挖掘、起重等特殊作业，工作人员需持证上岗。

（6）已组织学习本方案，所有施工人员熟悉本方案中内容。

3.5 工作流程

组织学习"三措一案"→施工准备→办理工作票许可手续→现场组织施工→完工验收→办理工作票终结手续→办理工程交接手续→工程完工。

3.6 施工计划安排

3.6.1 不停电施工计划

开始时间	结束时间	工作内容	工作安排	人员配备
20××年07月02日08:00	20××年07月02日18:00	组织全体施工人员学习本方案	张××组织全体人员学习本方案	全体人员
20××年07月03日08:00	20××年07月03日11:00	物资领料和运输	郑××负责办理领料手续；王××负责外观检查所领物资质量是否符合要求；黄××负责起吊；毛××负责运输；8名普工协助物资装卸	11人
20××年07月01日08:00	20××年07月01日12:00	北×路与上×路交叉处东南侧基础挖掘、接地网敷设安装、基础砌筑	张××负责外部的总体协调工作；吴××负责现场工作组织，办理工作票手续；周××负责施工工作中的安全监督工作；郑××负责零星缺额物资准备工作；王××负责对施工过程中质量进行监督；其他人员安置现场施工组织中工作职责执行	7人

开始时间	结束时间	工作内容	工作安排	人员配备
20××年07月02日08:00	20××年07月02日12:00	北×路与上×路交叉处东南侧环网柜吊装就位、箱体与接地网焊接、压接连接	张××负责外部的总体协调工作；吴××负责现场工作组织，办理工作票手续；周××负责施工工作中的安全监督工作；郑××负责零星缺额物资准备工作；王××负责对施工过程中质量进行监督；其他人员安置现场施工组织中工作职责执行	7人
20××年07月03日11:00	20××年07月04日18:00	电缆敷设	张××负责外部的总体协调工作；吴××负责现场工作组织，办理工作票手续；周××负责施工工作中的安全监督工作；郑××负责零星缺额物资准备工作；王××负责对施工过程中质量进行监督；其他人员安置现场施工组织中工作职责执行	除电缆接入组5名成员外的全部人员
20××年07月05日08:00	20××年07月05日12:00	北×路南08号电缆井内电缆中间接头、制作	吴××负责现场工作组织，办理工作票手续；周××负责施工工作中的安全监督工作；林××负责对工艺制作工艺把关；郑××负责零星缺额物资准备工作；王××负责对施工过程中质量进行监督	8人

3.6.2 停电施工计划

计划停电时间：20××年07月06日08:00～16:00，工作负责人：吴××，工作票签发人：张××。

工作内容：新增"××变电站10kV××线××01号环网柜–试验变电站10kV试验线试验01号环网柜"电缆分别接入××01号环网柜902开关间隔和试验01号环网柜902开关间隔。

停电范围：××变电站10kV××线××01号环网柜902开关间隔。

保留的带电部位：××变电站10kV××线××01号环网柜901、903、904开关间隔。

序号	工作内容	工作安排	人员配备
1	工作许可	做好安措,向配电网调度办理工作票许可手续	全体工作成员
2	电缆两端相序核准	吴××指挥,冯××负责电缆头接地短接,林××负责绝缘遥测判别相序	3 人
3	制作终端头并将电缆接入××变 10kV××线××01 号环网柜 902 开关间隔	林××负责对工艺制作工艺把关;冯××等 2 人负责终端头制作、电缆接入间隔及该间隔防火封堵等工作	3 人
4	制作终端头并将电缆接入××变 10kV××线××01 号环网柜 902 开关间隔	林××负责对工艺制作工艺把关;钟××等 2 人负责终端头制作、电缆接入间隔及该间隔防火封堵等工作	3 人
5	验收整改	配合运行单位进行验收,并对提出的问题立即进行整改	全体工作成员
6	消票送电	办理工作票终结手续,消票送电	全体工作成员

3.7 施工技术要求和质量控制措施

施工技术要求及质量严格按照《国家电网公司配电网工程典型设计 10kV 电缆分册(2016 年版)》《国家电网公司配电网施工检修工艺规范》(Q/GDW 10742—2016)及国家电网公司其他相关要求执行,部分重点技术要求和施工质量控制措施如下(包括但不限于)。

3.7.1 电缆敷设

3.7.1.1 施工准备

(1)电缆敷设前,检查疏通电缆管道。检查电缆管内无积水、无杂物堵塞;检查管孔入口处是否平滑,井内转角等是否满足电缆弯曲半径的规范要求等,并做好记录。对电缆槽盒、电缆沟盖板等预构件必须仔细检查,对有露筋、蜂窝、麻面、裂缝、破损等现象的预构件一律清除，严禁使用。

（2）确定电缆盘、电缆盖板、敷设机具等主要材料、工具的摆放位置，设置临时施工围栏。

（3）电缆敷设，中间应使用电缆放线滑车。滑车放置过程中一定要认真逐个检查、处理（无毛刺、转动灵活性），并加适当的机油；直线部分应每隔 2500～3000mm 设置一个直线滑车，在转角或受力的地方应增加滑轮组（"L"状的转弯滑轮），设置间距要小，控制电缆弯曲半径和侧压力，并设专人监视，电缆不得有铠装压扁、电缆绞拧、护层折裂等机械损伤，需要时可以适当增加输送机。

（4）对通信设备进行调试以确保畅通。

（5）电缆盘就位。电缆按敷设方案运输到位，认真核对型号规格、长度、盘数是否符合设计和接入电气设备的要求，收集出厂合格证或检验报告。注意牵引头的安放方向并安装牢固，尽可能争取三相（盘）一次就位，电缆盘应架设牢固平稳。电缆盘处应设刹车装置。电缆装卸过程中，注意避免电缆的碰撞、损伤。人工短距离滚动电缆盘前，应检查线盘是否牢固，电缆两端应固定，滚动方向须与线盘上箭头方向一致。电缆的端部应有可靠的防潮措施。

（6）敷设前应按下列要求进行检查：电缆型号、电压、规格应符合设计；电缆外观应无损伤；当对电缆的密封有怀疑时，应进行潮湿判断；对电缆进行绝缘电阻测试，绝缘电阻不得低于 $1M\Omega$，并做好记录作为电缆投运前绝缘电阻测定的参考。如需要可以做以下试验：

1）直流耐压试验及泄漏电流测量；

2）交流耐压试验；

3）测量金属屏蔽层电阻和导体电阻比；

4）交叉互联系统试验。

3.7.1.2 施工过程

（1）电缆敷设时，电缆应从盘的上端引出，不应使电缆在支架上及地面摩擦拖拉。电缆进入电缆管路前，可在其表面涂上与其护层不起化学作用的润滑物，减小牵引时的摩擦阻力。

（2）电缆敷设时，转角处需安排专人观察，负荷适当，统一信号、统一指挥。在电缆盘两侧须有协助推盘及负责刹盘滚动的人员。拉引电缆的速度要均匀，机械敷设电缆的速度不宜超过 15m/min，在较复杂路径上敷设时，其速度应适当放慢。

（3）机械牵引时，应满足《电气装置安装工程电缆线路施工及验收规范》（GB 50168—2016）要求，牵引端应采用专用的拉线网套或牵引头，牵引强度不得大于规范要求，应在牵引端设置防捻器。

（4）电缆在任何敷设方式及其全部路径条件的上下左右改变部位，最小弯曲半径均应满足《电力电缆及通道运维规程》（Q/GDW 1512—2014）或设计要求。

（5）电缆在沟内敷设应有适量的蛇型弯，电缆的两端、中间接头应留有适当的余度。

（6）电缆敷设后，电缆头应悬空放置，将端头立即做好防潮密封，以免水分侵入电缆内部，并应及时制作电缆终端和接头。同时应及时清除杂物，盖好井盖，还要将井盖缝隙密封，施工完后电缆穿入管道处出入口应保证封闭，管口进行密封并做防水处理。

（7）电缆在沟内敷设应有适量的蛇型弯，电缆的两端、中间接头应留有适当的余度。

3.7.2　电缆附件制作安装

3.7.2.1　施工准备

（1）电缆头制作前，应将用于牵引部分的电缆切除。电缆终端和接头处应留有一定的备用长度，电缆中间接头应放置在电缆井或检查井内。若并列敷设多条电缆，其中间接头位置应错开，其净距不应小于 500mm。

（2）电缆终端安装时应避开潮湿的天气，且尽可能缩短绝缘暴露的时间。如在安装过程中遇雨雾等潮湿天气应及时停止作业，并做好可靠的防潮措施。

（3）电缆终端制作前，应核对确认两端相序一致，并采用相应颜色的胶带进行相位标识。

（4）电缆线芯连接金具，应采用符合标准的连接管和接线端子，其内径应与电缆线芯紧密配合，间隙不应过大，截面宜为线芯截面的 1.2～1.5 倍；电力电缆接地线应采用铜绞线或镀锡铜编织线，其截面面积不应小于下表的规定。

电缆截面（mm²）	接地线截面（mm²）
120 及以下	16
150 及以上	25

3.7.2.2 施工过程

制作电缆终端与接头，从剥切电缆开始应连续操作直至完成，缩短绝缘暴露时间；剥切电缆时不应损伤线芯和保留的绝缘层；附加绝缘的包绕、装配、热缩等应清洁；电缆线芯连接时，应除去线芯和连接管内壁油污及氧化层；压接模具与金具应配合恰当，压缩比应符合要求；压接后应将端子或连接管上的凸痕修理光滑，不得残留毛刺；采用锡焊连接铜芯，应使用中性焊锡膏，不得烧伤绝缘；电缆终端上应有明显的相色标志，且应与系统的相位一致。

1. 电缆终端头

（1）严格按照电缆附件的制作要求制作电缆终端。

（2）剥除外护套，应分两次进行，以避免电缆铠装层铠装松散。先将电缆末端外护套保留 100mm，然后按规定尺寸剥除外护套。

（3）安装接地装置时，金属屏蔽层及铠装应分别用两条铜编织带接地，必须分别焊牢或固定在铠装的两层钢带和三相铜屏蔽层上，二者分别用绝缘带包缠，在分支手套内彼此绝缘且两条接地线必须做防潮段，安装时错开一定距离。

（4）三芯电缆的电缆终端采用分支手套，分支手套套入电缆三叉部位，必须压紧到位，收缩后不得有空隙存在，并在分支手套下端口部位绕包几层密封胶加强密封。

（5）冷缩和预制终端头，剥切外半导电层时，不得伤及主绝缘。外半导电层端口切削成约 4mm 的小斜坡并打磨光洁，与绝缘圆滑过渡。

（6）打磨后应清洁绝缘，应由线芯绝缘端部向半导电应力控制管方向进行。

（7）外半导电层剥除后，绝缘表面必须用细砂纸打磨，去除嵌入在绝缘表面的半导电颗粒。

（8）热缩终端头，剥切外半导电层时，将应力疏散胶拉薄拉窄，缠绕在半导电层与绝缘层的交接处，把斜坡填平，后再压半导电层和绝缘层各 5～10mm，并清洁绝缘。

（9）绝缘层端口处理时，将绝缘层端头（切断面）倒角 3mm×45°。

（10）热缩的电缆终端安装时应先安装应力管，再安装外部绝缘护管和雨裙，安装位置及雨裙间间距应满足规定要求。

（11）多段护套搭接时，上部的绝缘管应套在下部绝缘管的外部，搭接长度符合要求（无特别要求时，搭接长度不得小于 10mm）。

2. 电缆中间接头

（1）电缆安装时做好防潮措施。

（2）锯铠装时，其圆周锯痕深度应＜2/3。

（3）剥除外护套，应分两次进行，以避免电缆铠装层铠装松散。先将电缆末端外护套保留 100mm，然后按规定尺寸剥除外护套。外护套断口以下 100mm 部分用砂纸打毛并清洗干净，在电缆线芯分叉处将线芯校直、定位。

（4）剥除内护套时，在剥除内护套处用刀子横向切一环形痕，深度不超过内护套厚度的一半。

（5）根据制作说明书尺寸，剥除铜屏蔽层和外半导电层。外半导电层剥除后，绝缘表面必须用细砂纸打磨，去除嵌入在绝缘表面的半导电颗粒。

（6）冷缩和预制中间接头，剥切外半导电层时，不得伤及主绝缘。外半导电层端口切削成约 4mm 的小斜坡并打磨光洁，与绝缘圆滑过渡。

（7）热缩中间接头，剥切外半导电层时，将应力疏散胶拉薄拉窄，缠绕在半导电层与绝缘层的交接处，把斜坡填平，后再压半导电层和绝缘层各 5~10mm。

（8）根据说明书依次套入管材，顺序不得颠倒，所有管材端口应用塑料薄膜封口。

（9）热缩应力控制管应以微弱火焰均匀环绕加热，使其收缩。加热管材时应从中间向两端均匀、缓慢环绕进行，把管内气体全部排除。

（10）压接连接管，压接磨具应与连接管外径尺寸一致，压接后去除连接管表面棱角和毛刺，清洁绝缘与连接管。清洁绝缘时，应由线芯绝缘端部向半导电应力控制管方向进行。

（11）在连接管上绕包半导电带，两端与内半导电屏蔽层应紧密搭接。

（12）冷缩中间接头安装区域涂抹一层薄硅脂，将中间接头管移至中心部位，其一端应与记号平，抽出撑条时应沿逆时针方向进行，速度缓慢均匀。

（13）固定铜屏蔽网应与电缆铜屏蔽层可靠搭接。

（14）内绝缘管及屏蔽管两端绕包密封防水胶带，应拉伸 200%，绕包应圆整紧密，两边搭接外半导电层和内外绝缘管及屏蔽管不得少于 30mm。

（15）铜屏蔽网焊接每处不少于两个焊点，焊点面积不少于 10mm²。

（16）冷缩中间接头的绕包防水带，应覆盖接头两端的电缆内护套，搭接电缆外护套不少于 150mm。绕包防水胶带前，应先将两侧搭接的内护套进行拉毛，之后将绕包防水胶带拉伸至原来宽度 3/4，半重叠绕包，与内护套搭接长度不小于 10cm，完成后，双手用力挤压所包胶带使其紧密贴附。绕包防水胶带前，应先将两侧搭接的内护套进行拉毛，之后将绕包防水胶带拉伸至原来宽度的 3/4，半重叠绕包，与内护套搭接长度不小于 10cm，完成后，双手用力挤压所包胶带使其紧密贴附。

（17）热缩中间接头待电缆冷却后方可移动电缆，冷缩中间接头放置 30min 后方可进行电缆接头搬移工作。

（18）热缩时禁止使用吹风机替代喷灯进行加热。

3. 电缆固定

（1）固定点应设在应力锥下和三芯电缆的电缆终端下部等部位。

（2）终端头搭接后不得使搭接处设备端子和电缆受力。必要时加装过渡排，搭接面应符合规范要求。

（3）各相终端固定处应加装符合规范要求的衬垫。

（4）铠装层和屏蔽均应采取两端接地的方式；当电缆穿过零序电流互感器时，零序电流互感器安装在电缆护套接地引线端上方时，接地线直接接地；零序电流互感器安装在电缆护套接地引线端下方时，接地线必须回穿零序电流互感器一次，回穿的接地线必须采取绝缘措施。

（5）电缆及其附件、安装用的钢制紧固件、除地脚螺栓外应用热镀锌制品。防腐应符合设计要求。

4. 其他

（1）电缆终端头、电缆中间接头、拐弯处、工井内电缆进出管口处应挂标志牌。电缆标牌上应注明电缆编号、规格、型号、电压等级及起止位置等信息。标牌规格和内容应统一，且能防腐。

（2）电缆中间头、终端头制作完毕应对该回电缆进行相序确认和交流耐压试验。

3.7.3 环网柜基础制作

3.7.3.1 施工准备

（1）水泥、砂、石子等材料均应符合规范要求。

（2）接地材料扁钢、角钢等应采用热镀锌材料，产品应有材质检验证明及产品出厂合格证。

（3）主要机具应备有搅拌机、手推车或翻斗车、振捣器、刮杠、木抹子、粉线袋、线坠、钢锯、锯条、铁锹、铁镐、手锤、大锤、电锤、冲击钻、大绳、倒链、电焊机、卷尺等。

（4）施工机械车辆均应准备就位，并进行使用前的安全、性能检查。

（5）基础轴线尺寸，基底标高和地质情况均经过检查。

（6）模板已经过检查，符合设计要求。

（7）埋在基础中的钢筋、螺栓、预埋件、设备管线均应经过检查验收，并做好相关记录。

3.7.3.2　施工过程

（1）熟悉施工图纸，进行施工前技术质量和安全交底工作，进行定位放线。

（2）开挖机械与人工配合开挖，注意做好基坑支护和余土外运。如有地下较难开挖的情况，需由设计单位、监理单位提出处理方案，处理完毕后方可继续施工。

（3）接地体的埋设深度其顶部不应小于 0.6m，角钢及钢管接地体应垂直配置；垂直接地体长度不应小于 2.5m，其相互之间间距一般不应小于 5m；接地体（线）的连接应采用焊接，焊接处焊缝应饱满并有足够的机械强度，不得有夹渣、咬肉、裂纹、虚焊、气孔等缺陷，焊接处的药皮敲净后，刷沥青做防腐处理；采用搭接焊时镀锌扁钢不小于其宽度的 2 倍，三面施焊，敷设前扁钢需调直，煨弯不得过死，直线段上不应有明显弯曲，并应立放；所有接地材料均应镀锌，操作时注意保护镀锌层；接体连接完毕后，应及时会同业主、监理隐检、接地体材质、位置、焊接质量，接地体（线）的截面规格等均应符合设计及施工验收规范要求，经检验合格后方可进行回填，分层夯实。最后，将接地电阻摇测数值填写在隐检记录上。

（4）清除基坑内淤泥和杂物，并应有防水和排水措施。对于干燥土应用水润湿，表面不得存有积水。清除模板内的垃圾、泥土等杂物，并浇水润湿木模板，堵塞板缝和孔洞。

（5）混凝土浇筑混凝土的下料口距离所浇筑的混凝土的表面高度不得超过 2m，混凝土的浇筑应分层连续进行，一般分层厚度为振捣器作用部分长度的 1.25 倍，最大厚度不超过 50cm。振捣器应快插慢拔，插点应均匀排列，逐点移动，顺序进行，不得遗漏，做到振捣密实。浇筑混凝土时，应经常注意观察模板、支架、螺栓、管道和预留孔洞、预埋件有无走动情况，当发现有变形或位移时，应立即停止浇筑，并及时修整和加固模板，完全处理好后，再继续浇筑混凝土。混凝土振捣密实后，表面应用木杠刮平、木抹子搓平。

（6）基础槽钢安装前应核对标高是否满足槽钢安装的要求，若有出入应及时提出，提前处理；依据施工图纸弹出基础槽钢的安装基准线，正确摆放好槽钢；利用 3 点正平法用水准仪对槽钢基准标高进行调平、调直并核对无误后，用点焊固定后再焊接，电焊时应时刻观察水平尺中的气泡是否在中心、水准仪数据是否偏移；基础槽钢安装误差及不平行度允许偏差如下表所示：

项 目	允 许 偏 差	
	mm/m	mm/全长
不直度	<1	<5
水平度	<1	<5
位置误差及不平行度	<5	

3.7.4 环网柜安装

3.7.4.1 施工准备

（1）设备及材料均符合设计要求，并有出厂合格证。设备应有铭牌，并注明厂家名称，附件、备件齐全。

（2）检查吊装搬运机具性能及安全性，主要机具有汽车、汽车吊、倒链、钢丝绳、麻绳索具等。

（3）安装机具应配备齐全，主要包括手电钻、电锤、砂轮、电焊机、老虎钳、锉刀、扳手、钢锯、撬杠、螺丝刀、电工刀等。

（4）配备齐全测试检验工具水准仪、绝缘电阻表、万用表、水平尺、试电笔、高压测试仪器、钢直尺、钢卷尺、除尘工具、线坠等。

（5）配备齐全送电运行安全用具，包括高压验电器、高压绝缘靴、绝缘手套、编织接地线等。

（6）基础施工检验合格，施工图纸、技术资料齐全，设备、材料齐全并运至现场库。

3.7.4.2 施工过程

（1）设备开箱检查，由安装单位、供货单位或建设单位共同进行，并做好检查记录。

（2）按照设备清单、施工图纸及设备技术资料，核对设备本体及附件是否齐全，产品合格证件、技术资料、说明书是否齐全；检查环网柜本体外观应无损伤及变形，油漆完整无损，内部检查电气装置及元件、绝缘瓷件齐全、无损伤、裂纹等缺陷。

（3）由起重工作业、电工配合，根据环网柜重量、距离长短采用合适运输工具，运输时必须将设备与车身固定牢，开车要平稳；设备起吊，环网柜顶部有吊环者，吊索应穿在吊环内，无吊环者吊索应挂在四角主要承力结构处，不得将吊索吊在设备部件上。吊索的绳长应一致，以防柜体变形或损坏部件。

（4）环网柜安装要注意柜面和侧面的垂直度，找正时采用 0.5mm 铁片进行调整，每处垫片最多不能超过三片；在基础型钢侧面上焊上鼻子，用>6mm^2 铜线与环网柜柜上的接地端子连接牢固。

（5）环网柜安装完成后应按原理图检查环网柜上的全部电器元件是否相符，其额定电压和控制、操作电源电压必须一致。

（6）电气试验、系统调试：

1）一次调试，设备耐压绝缘试验。

2）二次保护试验，保护试验，传动调试。

3）自动化调试，就地调试。

4）电缆调试，耐压、绝缘试验。

5）核相。

试验必须至少 2 人以上进行，1 人操作，1 人监护记录，试验结果需提供至建设单位审核备案。高压试验标准符合国家规范、当地供电部门的规定及产品技术资料要求。

第四部分　安全措施及注意事项

安全措施及注意事项严格按照《国家电网公司电力安全工作规程　电网建设部分（试行）》实施，重要环节安全措施及注意事项如下（包括但不限于）。

4.1　通用安全措施

（1）严格执行"停电、验电、装设接地线、使用个人保安线、装设遮（围）栏和悬挂标示牌"等技术措施。

（2）按规范填写施工作业票或工作票，许可手续办理完成后，方可开始作业。

（3）作业时必须有专人监护，并应穿工作服，系安全带，戴安全帽，穿绝缘靴，戴绝缘手套，使用专用工具。

（4）施工前应安排足够时间进行技术交底和本方案的学习，使每人熟知自己的职责，操作方法及安全注意事项，分班组开展班前、班后会。

（5）加强班组人员管理，确保每个班组作业人员必须在本班组工作地段内活动，严禁到其他班组负责线路范围内作业。

（6）接地线统一编号，明确每个班组接地线的数量和编号，作业前对所有安全工器具进行清查。

（7）施工用电、临时照明均要遵守相关安全规程。照明灯具要绝缘良好，并安在施工人员不易接触到的地方；电动机具外壳要可靠接地。

4.2　专用安全措施

4.2.1　电缆敷设

（1）运输电缆盘时，应有防止电缆盘在车上滚动的措施。盘上的缆头应固定好。卸电缆盘严禁从车直接推下。滚动电缆盘的地面应平整，破损的电缆盘不得滚动。

（2）电缆敷设前，对电缆井使用抽风机进行充分排气，排气后对气体进行检测，符合要求后方可下井工作。

（3）进入电缆井内工作前，应先使用验电笔确认运行电缆外绝缘良好却无电压后，方可进入电缆井内工作，且应穿绝缘鞋（靴）。

（4）开启电缆井井盖时应使用专用工具，同时注意所立位置，以免滑脱伤人。开启后应设置标准围栏并有人看守。工作人员撤离电缆井后，应立即将井盖盖好。

（5）敷设电缆时，应有专人统一指挥，并有明确的联系信号，不得在无指挥信号时随意拉引；电缆移动时，严禁用手搬动滑轮，以防压伤。

（6）电缆盘及放线架应固定在硬质平整的地面，电缆应从电缆盘上分牵引，放线轴杠两端应打好临时拉线。

（7）电缆盘设专人看守，电缆盘滚动时禁止用手制动。

（8）电缆穿入保护管时，送电缆人的手与管口应保持一定距离。

（9）施工时注意周边有无带电线路，吊电缆盘时须保持足够的安全距离。

（10）施工地点、工井周边均要设遮栏和警示标志等，夜间还应设置闪烁的警示标志并且有专人看护。

（11）敷设电缆时，拐弯处的施工人员必须站在电缆或牵引绳的外侧。

4.2.2 电缆附件制作安装

（1）制作中间接头时，接头坑边应留有通道，坑边不得放置工具、材料，传递物件注意递接递放。

（2）使用刀具或其他工具时，严禁对着人体，以免伤及自身。

（3）使用喷灯应先检查喷灯本体是否漏气或堵塞。喷灯加油不得超过桶容积的 3/4。禁止在明火附近放气或加油，点灯时应先将喷嘴预热，使用喷灯时，喷嘴不准对着人体及设备，打气不得超压。

（4）使用携带型火炉或喷灯时，火焰与带电部分的安全距离：电压在 10kV 及以下者，不得小于 1.5m；电压在 10kV 以上者，不得小于 3m。

（5）制作热缩头时，打开明火前，应先检测制作地点是否存在可燃气体。

4.2.3 电缆接入

（1）没完成许可手续前，工作班成员禁止进入工作现场。

（2）工作前必须核对设备双重名称，正确无误后方可开展工作。

（3）工作前工作负责人应向工作人员交代清楚工作中的安全注意事项，现场带电部位。

4.2.4 电缆试验

（1）电缆耐压试验前，加压端应做好安全措施，防止人员误入试验场所，另一端应挂上警示牌。如另一端是上杆塔、设备或是锯断电缆处，应派人看守。

（2）电缆的试验过程更好地试验引线时，应先对设备充分放电，作业人员应戴好绝缘手套。

（3）电缆试验结束，应对被试电缆进行充分放电，并在被试电缆上加装临时接地线，待电缆尾线接通后才可拆除。

（4）与线路相连的电缆头在线路有人工作或无法确认线路是否有人工作时应拆开，防止试验电压串入配电线路。

4.2.5 环网柜安装安全措施

（1）设置安全围栏，设置醒目安全警示标识。

（2）工地的出入口应设置安全岗，配备专人指挥进出车辆。

（3）机械挖土与人工清槽要采用轮换工作面作业，确保配合施工安全。

（4）距基槽边线 5m 内不准机械行驶和停放，不准堆放其他物品。

（5）在挖土机工作范围内，不许进行其他作业。挖土应由上而下逐层进行，严禁先挖坡脚。

（6）对支护体进行监测，发现问题及时采取措施。

（7）挖机回转范围内不得站人，尤其是土方施工配合人员。

（8）坑下人员休息要远离坑边及放坡处，以防不慎。

（9）施工机械作业一切服从指挥，人员尽量远离施工机械，如有必要，先通知操作人员，待回应后方可接近。

（10）做好各级安全交底工作。

（11）吊装作业操作员与指挥员应具有相应资质，要统一指挥，指挥信号清晰准确；起吊臂下严禁站人。

（12）焊接人员应持证工作，安全防护用具应佩戴完备，操作时严格按焊接安全操作规程进行操作。

4.2.6 起吊作业

（1）吊车起重作业须由专人指挥，并事先明确旗语、手势和信号，吊车司机必须与起重指挥协调一致，遇有大风恶劣天气停止起吊工作。

（2）在起吊、牵引过程中，受力钢丝绳的周围、上下方、内角侧和起吊物的下面，严禁有人逗留和通过。吊运中不得从人员上方通过，吊臂下严禁站人。不准用手拉或跨越钢丝绳。

（3）当重物吊离地面后，工作负责人应再检查各受力部位和被吊物品，无异常方可正式起吊。

（4）吊下的物件要放置牢固，有防倾倒措施。

（5）吊车的吊钩要有保险装置，防止钢丝绳脱钩，造成被吊物倒落。

（6）吊车起吊时位置应适当，支腿须立于坚实的地面上，防止土地松软导致翻车，严禁超负荷起吊，造成吊车倾翻。

4.3 应急处置措施

4.3.1 外力伤害

（1）现场负责人立即组织援救人员迅速脱离危险区域，查看和了解受伤人数、症状等情况。

（2）现场负责人组织开展救治工作，根据受伤情况用急救箱药品做紧急处理。

（3）根据现场情况，拨打"120""110"报警求援，将伤者送往医院救治。

4.3.2 突发触电事故

（1）现场人员立即使触电人员脱落电源。一是立即通知有关供电单位（调度或运行值班人员）或用户停电。二是戴上绝缘手套，穿上绝缘靴，用相应电压等级的绝缘工具按顺序拉开电源开关、熔断器或将带电体移开。三是采取相关措施使保护装置动作，断开电源。

（2）如触电人员悬挂高处，现场人员应尽快解救至地面；如暂时不能解救至地面，应考虑相关方坠落措施，并向消防部门求救。

（3）根据触电人员受伤情况，采取止血、固定、人工呼吸、心肺复苏等相应急救措施。

（4）现场人员将触电人员送往医院救治或拨打"120"急救电话求救。

4.3.3　突发交通事故

（1）发生交通事故后，驾驶员立即停车，拉紧手制动，切断电源，开启双闪警示灯，在车后 50～100m 处设置危险警告标志，夜间还需开启示廓灯和尾灯；组织车上人员疏散到路外安全地点。

（2）在警察未到达现场前，要保护好现场，并做好现场安全措施，避免二次伤害的现场措施如下：

1）立即打开闪光警示灯，夜间还应当同时开启示廓灯和后位灯，以提高后面来车的注意力。

2）在有可能来车方向约 50～100m 处摆放三角警示牌（高速公路警告标志应当设置在故障车来车方向 150m 以外）。

（3）检查人员伤亡和车辆损坏情况，利用车辆携带工具解救受困人员，转移至安全地点；解救困难或人员受伤时向公安、急救部门报警救助。

（4）在抢救伤员、保护现场的同时，应及时亲自或委托他人向肇事点辖区公安交通管理部门报案；公安 110 联动中心或交通事故报警电话号码，全国统一为"122"。报告内容有：肇事地点、时间、报告人和姓名、住址、肇事车辆及事故的死伤和损失情况等。交警到达现场后，一切听从交警指挥并主动如实地反映情况，积极配合交警进行现场勘察和分析等。

4.3.4　应急电话

1．联络员：沈××　　电话：×××××××

2．××市人民医院　　电话：×××××××

3．××市公安局　　　电话：×××××××

4．××市消防队　　　电话：×××××××

4.4　其他补充安全措施

（1）北×路南 01～12 号电缆井电缆管沟，往南 1.5m 处有燃气管道，施工人员作业时应注意是否发生燃气泄漏，作业时禁止吸烟。

（2）本工程施工期处于高温天气，施工时应当采取防暑降温措施。

六、10kV ××开关站新建工程
（电气安装）编制实例

10kV ××开关站新建工程

（电气安装）

施工作业方案

施工单位名称（盖章）

二○××年××月

签 署 页

		签名	日期	意见
业主项目部	批准	项目经理	×月×日	同意
	审核	项目专职	×月×日	已审核，同意报批
监理项目部	批准	总监或监理组长	×月×日	同意
	审核	技术专监	×月×日	已审核，同意报批
施工项目部	批准	项目经理	×月×日	同意报审
	校核	安全员	×月×日	已校核，同意报批
	编制	技术员	×月×日	已编制完整，报批

签 批 页

		签名	日期	意见
批准			×月×日	同意
会签部门	运行部门1		×月×日	同意执行此方案
	运行部门2		×月×日	同意执行此方案
	调度部门1		×月×日	同意执行此方案
	调度部门2		×月×日	同意执行此方案
	建设部门1		×月×日	同意执行此方案
	建设部门2		×月×日	同意执行此方案

目　录

第一部分 工程概况及工作量清单

1.1 工程简介

10kV ××开关站新建工程为某市城网中低压改造工程之一，主要是新建一座单母线分段、2 进 12 出的 10kV 开关站。

1.2 工作量清单

1.2.1 新建部分

序号	主要设备、 材料名称	型 号	单位	数量	备 注
1	10kV 进线柜	金属铠装移开式	面	2	含保护测控装置，在二次室 预留计量装置安装位置
2	10kV 馈线柜	金属铠装移开式	面	12	含保护测控装置，在二次室 预留计量装置安装位置
3	母线设备柜	金属铠装移开式	面	2	
4	10kV 分段柜	金属铠装移开式	面	1	含保护测控装置，在二次室 预留计量装置安装位置
5	10kV 分段隔离柜	金属铠装移开式	面	1	
6	站用变压器柜		面	2	
7	热镀锌角钢	$\angle 50mm \times 5mm$， $L=2500mm$	根	6	
8	热镀锌扁钢	$-50mm \times 5mm$	m	300	水平接地体及引上线
9	远动通信柜	/	面	1	含交换机、远动通信装置、 纵向加密认证装置
10	直流电源系统	DC220V	套	1	

1.2.2 改造部分（无）

1.2.3 拆旧部分（无）

1.3 现场勘察及施工平面示意图

1.3.1 勘察记录

序号	勘测项目	勘 测 记 录	备注
1	停电范围	无	
2	保留带电部位	无	
3	交叉、临近带电线路	无	
4	多电源自发电情况	无	
5	地下管网情况	无	
6	其他影响因素	目前，开关站土建已完工，现场房屋门、窗均处于关闭状态，进入前需进行通风	

1.3.2 施工平面示意图

使用设计资料中施工平面图。

第二部分 组 织 措 施

2.1 工程组织

序号	参建单位	单位名称	项目经理/设总	电话
1	建设单位	××市供电公司	赵××	××××××××××
2	设计单位	××电力设计公司	钱××	××××××××××
3	监理单位	××电力咨询监理有限公司	孙××	××××××××××
4	施工单位	××电力建设公司	李××	××××××××××

2.2 现场施工组织

序号	姓名	工作职务	工作职责	电话
1	张××	项目负责人（工作票签发人）	负责该项目全面工作（负责工作票签发）	××××××××××
2	周××	安全员	负责安全监督工作	××××××××××
3	吴××	现场工作负责人	负责现场工作组织	××××××××××
4	郑××	物资领料员	负责材料领用及整理	××××××××××
5	王××	质量技术员	负责质量检查及资料收集工作	××××××××××
6	林××	电气一次组组长（吊车及叉车指挥人员）	负责电气一次设备安装、接线组织工作（负责吊车起吊指挥工作）	××××××××××
7	冯××等8人	电气一次组技工	负责电气一次设备安装、接线工作	××××××××××

序号	姓名	工作职务	工作职责	电话
8	陈×× 等10人	电气一次组普工	辅助电气一次设备安装、接线工作	××××××××××
9	刘××	电气二次组组长	负责电气二次设备安装、接线组织工作	××××××××××
10	邓×× 等6人	电气二次组技工	负责电气二次设备安装、接线工作	××××××××××
11	陈×× 等4人	电气二次组普工	辅助电气二次设备安装、接线工作	××××××××××
12	钱××	电气试验组组长	负责电气一、二次设备试验组织工作	××××××××××
13	肖×× 等4人	电气试验组技工	负责电气一、二次设备试验工作	××××××××××
14	黄××	吊车司机及操作人员	负责吊车操作	××××××××××
15	丁××	叉车司机及操作人员	负责叉车操作	××××××××××
16	毛××	货车司机	负责设备、材料运输工作	××××××××××
17	谢×× 等2人	工程车司机	负责施工作业人员运输工作	××××××××××
18	余××	皮卡车司机	负责施工作业人员运输工作	××××××××××

第三部分 技 术 措 施

3.1 施工工器具准备

序号	名 称	单位	数量	备 注
1	冲击钻	台	2	
2	电工工具包	套	16	
3	电焊机	台	1	
4	电焊工具	套	2	
5	火焊工具	套	2	
6	力矩扳手	把	8	
7	万用表	套	6	
8	2500V 绝缘电阻表	块	2	1000V，2500V
9	水平仪	台	2	
10	弯排机	台	1	
11	钻床	台	1	
12	接地绝缘电阻表	台	2	
13	绝缘电阻测试仪	台	2	
14	对讲机	部	10	
15	通风机	台	2	
16	有毒气体检测仪	台	2	
17	电气一次试验设备	套	1	
18	电气二次试验设备	套	1	

3.2 安全工器具准备

序号	名　　称	单位	数量	备　　注
1	安全帽	顶	40	
2	绝缘手套	双	2	
3	绝缘鞋	双	40	
4	10kV 验电器	支	2	
5	0.4kV 验电笔	支	3	
6	安全围栏	套	若干	
7	标示牌	个	若干	

3.3 现场施工车辆准备

序号	车辆名称	单位	数量	用　　途
1	吊车（12t）	辆	1	吊装
2	叉车	辆	1	设备搬运
3	货车双排（6m）	辆	1	载重，运输设备、材料等
4	皮卡	辆	1	客货两用，工器具进退场
5	工程车	辆	2	载施工人员

3.4 施工基本条件

（1）开关站层顶、楼面施工完毕，不得渗漏。

（2）土建应完成混凝土地面，基础预埋件、预留孔符合设计要求，预埋件应牢固；进盘通道畅通，无障碍物。

（3）通信联络畅通。

（4）工作人员无妨碍工作的疾病；作业人员精神状态良好；施工人员技能水平满足工作要求。

（5）所有施工机具经检查合格、满足相关技术要求后运至施工现场。

（6）所有起重设备满足待起重设备、材料的重量要求，操作人员需持证上岗。

（7）已组织学习本方案，所有施工人员熟悉本方案中内容。

3.5 工作流程

组织学习"三措一案"→施工准备→办理工作票许可手续→现场组织施工→完工验收→办理工作票终结手续→办理工程交接手续→工程完工。

3.6 施工计划安排

3.6.1 不停电施工计划

开始时间	结束时间	工作内容	工作安排	人员配备
20××年07月02日08:00	20××年07月02日18:00	组织全体施工人员学习本方案	张××组织全体人员学习本方案	全体人员
20××年07月03日08:00	20××年07月03日18:00	物资领料和运输	郑××负责办理领料手续；王××负责外观检查所领物资质量是否符合要求；黄××负责设备、材料的起吊；丁××负责叉车运送设备、材料；毛××负责将设备、材料固定在货车上并进行运输；6名普工协助物资装卸	王××、黄××、丁××、毛××及6名普工
20××年07月04日08:00	20××年07月06日18:00	基础槽钢制作及盘柜就位	张××负责外部的总体协调工作；吴××负责现场工作组织，办理工作票手续；周××负责施工工作中的安全监督工作；郑××负责零星缺额物资准备工作；王××负责对施工过程中质量进行监督；其他人员按照现场施工组织中工作职责执行	除电气试验组成员外的全部人员
20××年07月07日08:00	20××年07月16日18:00	电气一次设备安装、连接	张××负责外部的总体协调工作；吴××负责现场工作组织，办理工作票手续；周××负责施工工作中的安全监督工作；郑××负责零星缺额物资准备工作；王××负责对施工过程中质量进行监督；其他人员按照现场施工组织中工作职责执行	除电气二次组、电气试验组成员外的全部人员

开始时间	结束时间	工作内容	工作安排	人员配备
20××年07月17日08:00	20××年07月26日18:00	电气二次设备安装、连接	张××负责外部的总体协调工作；吴××负责现场工作组织，办理工作票手续；周××负责施工工作中的安全监督工作；郑××负责零星缺额物资准备工作；王××负责对施工过程中质量进行监督；其他人员按照现场施工组织中工作职责执行	除电气一次组、电气试验组成员外的全部人员
20××年07月27日08:00	20××年07月31日12:00	电气一、二次设备交接试验及调试	张××负责外部的总体协调工作；吴××负责现场工作组织，办理工作票手续；周××负责施工工作中的安全监督工作；其他人员按照现场施工组织中工作职责执行	电气试验组全体成员
20××年08月01日08:00	20××年08月10日18:00	三级验收、整改及办理移交手续	张××负责组织自检验收，合格后报监理、业主验收，并根据各方所提意见组织整改，合格后办理移交手续，工程结束	全体人员

3.7 施工技术要求和质量控制措施

施工技术要求及质量严格按照《国家电网公司配电网工程典型设计　10kV 配电站房分册（2016 年版）》《国家电网公司配电网施工检修工艺规范》（Q/GDW 10742—2016）及国家电网公司其他相关要求执行，部分重点技术要求和施工质量控制措施如下（包括但不限于）。

3.7.1　基础槽钢加工及安装

3.7.1.1　施工准备

（1）基础槽钢在制作前应先调整平直和除锈。

（2）根据施工图纸提供槽钢的规格、尺寸进行加工制作，当制作完毕后应涂上防锈漆。

（3）用测量仪找出屋内最高点的预埋件，确定其高度是否满足基础槽钢基准面设计要求，否则除去过高预埋件，直至其标高符合设计要求。

3.7.1.2　施工过程

（1）基础槽钢埋设时，应按图纸要求找正槽钢埋设中心线，成列的配电盘柜的基础槽钢为 2 根，埋设时一定要注意之间平行度，当确认尺寸无误后焊牢，为了更好提高工艺，平行槽钢两端之间也可增加槽钢连接，但必须切 45°斜角连接，不露端口。

（2）基础槽钢应可靠接地，基础槽钢之间，基础槽钢与主地网之间均采用镀钢、扁钢进行连接，且接地点应不小于两点接地。

3.7.2　盘柜就位及安装

3.7.2.1　一次柜就位及安装

1. 施工准备

（1）检查开关柜包装及密封良好，规格、型号符合设计图纸要求和规定，产品的技术文件齐全。

（2）检查开关柜外观无机械损伤、变形和油漆脱落，柜面平整，附件齐全，门梢开闭灵活，照明装置完好，柜前后命名标识齐全、清晰，气室气压在允许范围内（气压检测装置显示正常），柜门标注的××接线图与开关柜内实际接线一致；柜面电流、电压表计、保护装置、操作按钮、门把手完好，内部电气元件固定无松动，配线整齐美观。

（3）检查开关柜手车推拉灵活轻便，无卡涩、碰撞，手车上导电触头与静触头应对中、无卡涩，接触良好。活动部件动作灵活、可靠，传动装置动作正确，现场试操作 3 次无异常。

（4）检查基础预埋件及预留孔洞符合设计要求，基础槽钢允许偏差：不直度 <1mm/m，全长 <5mm；水平度 <1mm/m，全长 <5mm；位置误差及不平行度 <5mm。

（5）核对槽钢预埋长度与设计图纸是否相符，基础型钢顶部是否高出抹平地面 10mm；复查槽钢与接地网是否可靠连接。

2. 施工过程

（1）依据设计图纸核对每面开关柜在室内安装位置，平行排列的柜体安装应以联络母线桥两侧柜体为准，保证两面柜就位正确，其左右偏差 <2mm，其他柜依次安装。

（2）相邻开关柜以每列已组立好的第一面柜为齐，使用厂家专配并柜螺栓连接，调整好柜间缝隙后紧固底部连接螺栓和相邻柜连接螺栓。

（3）柜体垂直度误差＜1.5mm/m，相邻两柜顶部水平度误差＜2mm，成列柜顶部水平误差＜5mm；相邻两柜盘面误差＜1mm，成列柜面盘面误差＜5mm，相间接缝误差＜2mm。

（4）柜体底座与基础槽钢采用螺栓连接，连接牢固，接地良好，可开启柜门用不小于4mm² 黄绿相间的多股软铜导线可靠接地。备用 TA 二次绕组短接后接地。封闭母线桥金属外壳连接处应不少两处跨接接地。

（5）手车推拉应轻便不摆动，手车轨道灵活、无卡阻，手动操作机构动作灵活、可靠。柜框架和底座接地良好，接地排配置规范，应有两处明显的与接地网可靠连接点。柜内应分别设置接地母线和等电位屏蔽母线。柜体及一次元件的接地线应引至接地网。

（6）开关柜"五防"装置齐全，机械及电气联锁装置动作灵活可靠，开关柜状态显示仪与设备实际位置一致。

（7）开关柜柜内二次接线可靠，绝缘良好。二次导线的固定应牢固可靠，不应采用按压粘贴的固定方式。柜内配线电流回路应采用电压不低于 500V 的铜芯绝缘导线，其截面面积不应小于 2.5mm²；其他回路截面面积不应小于 1.5mm²。

（8）柜内母线安装时应检查柜内支持式或悬挂式绝缘子安装方向是否正确，动、静触头位置正确，接触紧密，插入深度符合要求。

（9）柜内母线平置时，贯穿螺栓应由下往上穿，螺母应在上方；其余情况下，螺母应置于维护侧，连接螺栓长度宜露出螺母 2～3 扣。

（10）封闭母线隐蔽前应进行验收，接触面符合《电气装置安装工程母线装置施工及验收规范》（GB 50149—2010）要求并进行签证。

（11）检查开关柜内加热除湿装置功能正常，能够可靠启动，开关柜体底部及预留柜位置应及时封堵。

（12）母线穿墙处用非导磁材料隔开，避免产生涡流。

（13）高、低压柜可开启门与框架应采用软连接。

（14）核对电缆型号必须符合设计。电缆剥除时不得损伤电缆芯线。电缆号牌、芯线和所配导线的端部的回路编号应正确，字迹清晰且不易褪色。芯线接线应准确、连接可靠，绝缘符合要求，柜内导线不应有接头，导线与电气元件间连接牢固可靠。

（15）宜先进行二次配线，后进行接线。每个接线端子每侧接线宜为 1 根，不得超过 2 根。每一根芯线接入端子前应有完整的标识，正面写电缆号及回路编号，侧面写所在位置端子号。芯线标识应用线号机打印，不能手写，并清晰完整。

（16）按照开关柜底部尺寸切割防火板。在封堵开关柜柜底部时，封堵应严实可靠，不应有明显的裂缝和可见的孔隙，孔洞较大者应加防火板后再进行封堵。

3.7.2.2 二次屏柜就位及安装

1. 施工准备

（1）检查屏柜规格、型号符合设计图纸要求和规定。

（2）检查屏柜外观应无机械损伤、变形和外观脱落，附件齐全。

（3）检查基础预埋件及预留孔洞应符合设计要求。

2. 施工过程

（1）屏柜与基础应固定可靠；柜体应可靠接地。

（2）屏柜内各空气断路器、熔断器位置正确，所有内部接线、电器元件紧固；二次接线可靠，绝缘良好，接触良好、可靠。

（3）柜内带电部分对地距离大于 8mm。

（4）二次联接应将电缆分层逐根穿入二次设备，在进入二次设备时应在最底部的支架上进行绑扎。

3.7.3 母线安装

3.7.3.1 施工准备

（1）根据施工现场结构类型，支架应采用角钢或槽钢制作。优先采用"一"字型、"L"字型、"U"字型、"T"字型等四种型式。

（2）支架的加工制作按选好的型号，测量好的尺寸断料制作，断料严禁气焊切割。

3.7.3.2 施工过程

（1）支架上钻孔应用台钻或手电钻钻孔，不得用气焊割孔。

（2）膨胀螺栓固定支架不少于两条。一个吊架应用两根吊杆，固定牢固。

（3）母线支架的距离应符合设计要求。

（4）支架及支架预埋件焊接处作防腐处理。

（5）封闭插接母线的拐弯处以及与箱（盘）连接处应加支架。

（6）安装时应采取防止噪声的有效措施。

（7）封闭母线应按设计和产品技术文件规定进行组装，组装前应对每段进行绝缘电阻的测定，测量结果应符合设计要求。

（8）母线槽沿墙水平安装，安装高度应符合设计要求，母线应可靠固定在支架上。两个母线槽之间采用软连接。

（9）母线槽的端头应装封闭罩，并可靠接地。

（10）母线与设备联接宜采用软联接。母线紧固螺栓应配套供应标准件，用力矩扳手紧固。

（11）母线槽悬挂吊装。吊杆直径应与母线槽重量相适应，螺母应能调节。

（12）满足《电气装置安装工程质量检验及评定规程》（DL/T 5161）、《低压母线槽选用、安装及验收规程》（CECS170—2004）相关要求。

3.7.4 二次电缆安装

3.7.4.1 二次电缆就位

（1）材料规格、型号符合设计要求；电缆外观完好无损，铠装无锈蚀、无机械损伤，无明显皱折和扭曲现象。橡套及塑料电缆外皮及绝缘层无老化及裂纹。

（2）二次电缆应分层、逐根穿入；直径相近的电缆应尽可能布置在同一层；保护用、通信电缆与电力电缆不应同层敷设；电流、电压等交流电缆应与控制电缆分开，不得混用同一根电缆。

（3）电缆布置宽度应适应芯线固定及与端子排的连接。

（4）电缆绑扎应牢固，在接线后不应使端子排受机械应力；电缆绑扎应采用扎带，绑扎的高度一致、方向一致。

（5）考虑电缆的穿入顺序，尽可能使用电缆在支架（层架）的引入部位。设备引入部位的二次电缆应避免交叉现象发生。

3.7.4.2 二次电缆终端制作

（1）某一区域的电缆头制作应高度统一、样式统一；单层布置的电缆终端高度应一致；多层布置的电缆终端高度宜一致，或从里往外逐层降低，降低高度应统一。

（2）电缆终端制作时缠绕应密实牢固。

（3）电缆头制作过程中，严禁损伤电缆芯线。

（4）使用热缩管时应采用长度统一的热缩管收缩而成。电缆的直径应在热缩管的热缩

113

范围之内。

（5）电缆头制作完毕后，要求顶部平整密实。

（6）电缆开钎或熔接地线时，防止芯线损伤。

3.7.4.3　芯线整理、布置

（1）在电缆头制作结束后，接线前应进行芯线的整理工作。

（2）网格式接线方式，适用于全部单股硬线的形式，电缆芯线扎带绑扎应间距一致、适中。

（3）整体绑扎接线方式，适用于以单股硬线为主，底部电缆进线宽阔形式，线束的绑扎应间距一致、横平竖直，在分线束引出位置和线束的拐弯处应有绑扎措施。

（4）槽板接线方式，适用于以多股软线为主形式，在芯线接线位置的同一高度将芯线引出线槽，接入端子。

（5）芯线标识应用线号机打印，不能手写，并清晰完整。

（6）芯线接线端应制作缓冲环。

（7）备用芯应留有足够的余量，预留长度应统一，并有所在电缆标识。

（8）将每根电缆的芯线单独分开，将每根芯线拉直。

（9）每根电缆的芯线宜单独成束绑。

（10）电缆芯线的扎带间距应一致，间距要求 150～200mm。

（11）每一根芯线接入端子前应有完整的标识，正面写电缆号及回路编号，侧面写所在位置端子号。同一接线端子上最多不能超过两根线。

（12）对于集中式的保护屏（柜）应有单元（间隔）编号。

（13）备用芯线可以单独垂直布置，也可以同时弯曲布置。备用芯线顶端应有所在电缆标识。

3.7.4.4　二次电缆固定

（1）在电缆头制作和芯线整理后，应按照电缆的接线顺序再次进行固定，然后挂设标识牌。

（2）电缆牌制作应采用专用的打印机打印，塑封。电缆牌的型号和打印样式应统一。要求高低一致、间距一致、尺寸一致，保证标识牌挂设整齐牢固。电缆牌排版合理、标识齐全、字迹清晰，包括电缆号、电缆规格、本地位置、对侧位置。

3.7.4.5 接地线的整理布置

（1）应将一侧的接地线用扎带扎好后从电缆后侧成束引出，并对线鼻子的根部进行绝缘处理。

（2）应使用压线鼻子压接接地线。严禁将地线缠绕在接地铜牌上。

（3）中性线与中性点接地线应分别敷设。

（4）单个接线端子压接接地线的数量不大于 4 根。

（5）用 $4mm^2$ 多股二次软线焊接在电缆铜屏蔽层上并引出接到保护专用接地铜排上。

3.7.5 防火封堵

（1）在孔洞、盘柜底部铺设厚度为 10mm 的防火板，在孔隙口及电缆周围采用有机堵料进行密实封堵，电缆周围的有机堵料厚度不小于 20mm。

（2）用防火包填充或无机堵料浇筑，塞满孔洞。

（3）防火包堆砌采用交叉堆砌方式，且密实牢固，不透光，外观整齐。

（4）有机堵料封堵应严密牢固，无漏光、漏风裂缝和脱漏现象，表面光洁平整。

（5）在孔洞底部防火板与电缆的缝隙处做线脚；防火板不能封隔到的盘柜底部空隙处，以有机堵料严密堵实。

（6）在预留孔洞的上部应采用钢板或防火板进行加固，以确保作为人行通道的安全性，如果预留的孔洞过大应采用槽钢或角钢进行加固，将孔洞缩小后方可加装防火板。

3.7.6 其他

（1）按照交接试验标准进行机械特性测试、绝缘试验、工频耐压试验、继电保护装置整定试验、主回路电阻测量及接地电阻测量、断路器远方遥控试验以及遥信、遥测等试验。

（2）每个开关柜、屏柜等均应安装标识牌和警示牌。标牌规格和内容应统一，且能防腐。

第四部分　安全措施及注意事项

安全措施及注意事项严格按照《国家电网公司电力安全工作规程　电网建设部分（试行）》实施，重要环节安全措施及注意事项如下（包括但不限于）。

4.1　通用安全措施

（1）严格执行"停电、验电、装设接地线、使用个人保安线、装设遮（围）栏和悬挂标示牌"等技术措施。

（2）按规范填写施工作业票或工作票，许可手续办理完成后，方可开始作业。

（3）作业时必须有专人监护，并应穿工作服，系安全带，戴安全帽、穿绝缘靴、戴绝缘手套、使用专用工具。

（4）施工前应安排足够时间进行技术交底和本方案的学习，使每人熟知自己的职责，操作方法及安全注意事项，分班组开展班前、班后会。

（5）加强班组人员管理，确保每个班组作业人员必须在本班组工作地段内活动，严禁到其他班组负责线路范围内作业。

（6）接地线统一编号，明确每个班组接地线的数量和编号，作业前对所有安全工器具进行清查。

（7）施工用电、临时照明均要遵守相关安全规程。照明灯具要绝缘良好，并安在施工人员不易接触到的地方；电动机具外壳要可靠接地。

4.2　专用安全措施

（1）设备就位时，应注意竖井、孔洞，防止人员从孔洞坠落。

（2）开关站内应电源充足，消防器材齐全。

（3）盘柜开箱后应立即将箱板等杂物清理干净，以免阻塞通道或钉子扎脚。

（4）盘撬动就位时人力应足够，指挥应统一，以防倾倒伤人，狭窄处应防止挤伤。

（5）盘底加垫时不得将手伸入盘底，单面盘并列安装时应防止靠盘时挤伤手。

（6）攀登作业时，必须穿干净的软底鞋，不准穿铁钉的硬底鞋以及带泥沙的脏鞋。

（7）在调整或检修开关时，须防止开关意外脱扣被误触或误操作伤人。

（8）二次接线完后，应及时装上电缆盖板，并清扫盘内线芯，不得把工具遗留在盘内。

（9）设备移交后，无论设备带电与否，必须严格执行工作票制度，施工人员必须了解盘内带电系统情况，必须专人监护。

（10）施工人员应爱护设备，保持设备清洁，外观油漆完整。

（11）施工现场坚持做到"工完、料尽、场地清"

4.3　应急处置措施

4.3.1　外力伤害

（1）现场负责人立即组织援救人员迅速脱离危险区域，查看和了解受伤人数、症状等情况。

（2）现场负责人组织开展救治工作，根据受伤情况用急救箱药品做紧急处理。

（3）根据现场情况，拨打"120""110"报警求援，将伤者送往医院救治。

4.3.2　突发交通事故

（1）发生交通事故后，驾驶员立即停车，拉紧手制动，切断电源，开启双闪警示灯，在车后 50～100m 处设置危险警告标志，夜间还需开启示廓灯和尾灯；组织车上人员疏散到路外安全地点。

（2）在警察未到达现场前，要保护好现场，并做好现场安全措施，避免二次伤害的现场措施如下：

1）立即打开闪光警示灯，夜间还应当同时开启示廓灯和后位灯，以提高后面来车的注意力；

2）在有可能来车方向约 50～100m 处摆放三角警示牌（高速公路警告标志应当设置在故障车来车方向 150m 以外）。

（3）检查人员伤亡和车辆损坏情况，利用车辆携带工具解救受困人员，转移至安全地点；解救困难或人员受伤时向公安、急救部门报警救助。

（4）在抢救伤员、保护现场的同时，应及时亲自或委托他人向肇事点辖区公安交通管理部门报案；公安 110 联动中心或交通事故报警电话号码，全国统一为"122"。报告内容有：肇事地点、时间、报告人和姓名、住址、肇事车辆及事故的死伤和损失情况等。交警到达现场后，一切听从交警指挥并主动如实地反映情况，积极配合交警进行现场勘察和分析等。

4.3.3　应急电话

1. 联络员：沈××　　　电话：××××××××
2. ××市人民医院　　电话：××××××××
3. ××市公安局　　　电话：××××××××
4. ××市消防队　　　电话：××××××××

4.4　其他补充安全措施（无）

七、10kV ××线新增电缆工程（电缆敷设）编制实例

××变 10kV ××线新增电缆工程

（电缆敷设）

施工作业方案

施工单位名称（盖章）

二○××年××月

签 署 页

		签名	日期	意见
业主 项目部	批准	项目经理	×月×日	同意
	审核	项目专职	×月×日	已审核，同意报批
监理 项目部	批准	总监或监理组长	×月×日	同意
	审核	技术专监	×月×日	已审核，同意报批
施工 项目部	批准	项目经理	×月×日	同意报审
	校核	安全员	×月×日	已校核，同意报批
	编制	技术员	×月×日	已编制完整，报批

签 批 页

		签名	日期	意见
批准			×月×日	同意
会签部门	运行部门 1		×月×日	同意执行此方案
	运行部门 2		×月×日	同意执行此方案
	调度部门 1		×月×日	同意执行此方案
	调度部门 2		×月×日	同意执行此方案
	建设部门 1		×月×日	同意执行此方案
	建设部门 2		×月×日	同意执行此方案

目　录

第一部分 工程概况及工作量清单

1.1 工程简介

××变电站10kV ××线新增电缆工程为20××年××市城网中低压改造工程之一，主要是从××变电站10kV ××线××01号环网柜沿管沟敷设10kV电缆600m至试验变电站10kV试验线试验01号环网柜。

1.2 工作量清单

1.2.1 新建部分

序号	主要设备、材料名称	型号	单位	数量	备注
1	10kV 铜芯电缆	ZRYJV22–10kV–3×300	m	600	

1.2.2 改造部分（无）

1.2.3 拆旧部分（无）

1.3 现场勘察及施工平面示意图

1.3.1 勘察记录

序号	勘测项目	勘测记录	备注
1	停电范围	1.××变电站10kV ××线××01号环网柜902开关间隔； 2.试验变电站10kV试验线试验01号环网柜902开关间隔	电缆接入时

序号	勘测项目	勘 测 记 录	备注
2	保留带电部位	1. ××变电站 10kV ××线××01 号环网柜 901、903、904 开关间隔； 2. 试验变电站 10kV 试验线试验 01 号环网柜 901、905 开关间隔	电缆接入时
3	交叉、临近带电线路	1. 北×路南 01 号电缆井（××01 号环网柜检修井）内，××01 号环网柜 901 开关间隔进线电缆（"××变电站××线 911 开关间隔–××线××01 号环网柜 901 开关间隔"电缆）、903 开关间隔出线电缆（"××线××01 号环网柜 903 开关间隔–××1 支线"电缆）、904 开关间隔出线电缆（"××线××01 号环网柜 904 开关间隔–××01 号公变"电缆）带电； 2. 北×路南 12 号电缆井（试验 01 号环网柜检修井）内，试验 01 号环网柜 901 开关间隔进线电缆（"试验变电站试验线 913 开关间隔–试验线试验 01 号环网柜 901 开关间隔"电缆）、905 开关间隔出线电缆（"试验线试验 01 号环网柜 905 开关间隔–试验 02 号公变"电缆）带电； 3. 北×路南 02～05 号电缆井内，××线××01 号环网柜 903 开关间隔–××1 支线"电缆带电	全过程
4	多电源自发电情况	无	电缆接入时
5	地下管网情况	北×路南 01～12 号电缆井电缆管沟，往南 1.5m 处有燃气管道（符合运行安全要求）	全过程
6	其他影响因素	施工期间，室外温度预计达到 39℃，井内温度预计达到 50℃	全过程

1.3.2 施工平面示意图

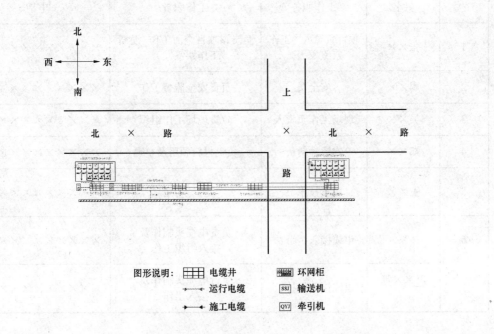

第二部分 组织措施

2.1 工程组织

序号	参建单位	单位名称	项目经理/设总	电话
1	建设单位	××市供电公司	赵××	××××××××××
2	设计单位	××电力设计公司	钱××	××××××××××
3	监理单位	××电力咨询监理有限公司	孙××	××××××××××
4	施工单位	××电力建设公司	李××	××××××××××

2.2 现场施工组织

序号	姓名	工作职务	工作职责	电话
1	张××	项目负责人（工作票签发人）	负责该项目全面工作（负责工作票签发）	××××××××××
2	周××	安全员	负责安全监督工作	××××××××××
3	吴××	现场工作负责人	负责现场工作组织	××××××××××
4	郑××	物资领料员	负责材料领用及整理	××××××××××
5	王××	质量技术员	负责质量检查及资料收集工作	××××××××××
6	林××	电缆接入组组长	负责电缆头制作及接入组织工作	××××××××××
7	冯××等4人	电缆接入组技工	负责电缆头制作及接入工作	××××××××××

序号	姓名	工作职务	工作职责	电话
8	刘××	电缆敷设组组长（电缆牵引及起重指挥人员）	负责电缆头敷设组织工作（负责电缆牵引及起重指挥工作）	××××××××××
9	邓××等2人	电缆敷设组技工	负责电缆敷设工作	××××××××××
10	陈××等8人	电缆敷设组普工	辅助电缆敷设施工工作	××××××××××
11	陈××	输送机操作人员	负责电缆输送工作	××××××××××
12	丁××	牵引机操作人员	负责电缆牵引操作	××××××××××
13	黄××	吊车司机及操作人员	负责吊车操作	××××××××××
14	毛××	货车司机	负责电缆等材料运输工作	××××××××××
15	谢××	工程车司机	负责施工作业人员运输工作	××××××××××
16	余××	皮卡车司机	负责施工作业人员运输工作	××××××××××

第三部分 技 术 措 施

3.1 施工工器具准备

序号	名 称	单位	数量	备 注
1	输送机	台	2	
2	牵引机	台	1	
3	校直机	台	2	
4	滑车	组	20	
5	放线架	个	1	
6	牵引头（网）	套	3	
7	发电机	台	2	380V/220V
8	电缆头制作专用工具	套	2	10kV
9	气罐、喷枪	套	2	
10	电工工具包	套	8	
11	接地绝缘电阻表	台	1	
12	万用表	套	3	
13	绝缘电阻测试仪	台	1	
14	核相仪	台	1	
15	对讲机	部	10	
16	通风机	台	2	
17	有毒气体检测仪	台	2	

3.2 安全工器具准备

序号	名　称	单位	数量	备　注
1	安全帽	顶	26	
2	绝缘手套	双	2	
3	绝缘鞋	双	26	
4	10kV 验电器	支	2	
5	0.4kV 验电笔	支	3	
6	安全围栏	套	若干	
7	标示牌	个	若干	
8	警示灯	个	5	

3.3 现场施工车辆准备

序号	车　辆　名　称	单位	数量	用　途
1	吊车（12t）	辆	1	吊装
2	货车双排（6m）	辆	1	载重，运输设备、材料等
3	皮卡	辆	1	客货两用，工器具进退场
4	工程车	辆	1	载施工人员

3.4 施工基本条件

（1）天气晴好，无雷、雨、雪、雾及五级以上大风；环境温度不小于 0℃；中间接头、终端头制作时，空气相对湿度不高于 70%。

（2）通信联络畅通。

（3）工作人员无妨碍工作的疾病；作业人员精神状态良好；施工人员技能水平满足工作要求。

（4）所有施工机具经检查合格、满足待敷设电缆相关技术要求后运至施工现场。

（5）所有起重等特殊作业，工作人员需持证上岗。

（6）已组织学习本方案，所有施工人员熟悉本方案中内容。

3.5 工作流程

组织学习"三措一案"→施工准备→办理工作票许可手续→现场组织施工→完工验收→办理工作票终结手续→办理工程交接手续→工程完工。

3.6 施工计划安排

3.6.1 不停电施工计划

序号	工作时间	工作内容	负责人	工作成员	人员工作安排
1	20××年07月02日 08:00–20××年07月02日 18:00	组织全体施工人员学习本方案	张××	全体人员	张××组织全体人员学习本方案
2	20××年07月03日 08:00–20××年07月03日 11:00	物资领料和运输	郑××	王××、黄××、毛××及6名普工	郑××负责办理领料手续；王××负责外观检查所领物资质量是否符合要求；黄××负责电缆盘的起吊；毛××负责将电缆盘固定在货车上并进行运输；6名普工协助物资装卸
3	20××年07月03日 11:00–20××年07月04日 18:00	电缆敷设	吴××	除电缆接入组5名成员外的全部人员	张××负责外部的总体协调工作；吴××负责现场工作组织，办理工作票手续；周××负责施工工作中的安全监督工作；郑××负责零星缺额物资准备工作；王××负责对施工过程中质量进行监督；其他人员按照现场施工组织中工作职责执行

序号	工作时间	工作内容	负责人	工作成员	人员工作安排
4	20××年07月05日08:00–20××年07月05日12:00	北×路南08号电缆井内电缆中间接头制作	吴××	电缆接入组5名成员及周××、郑××、王××	吴××负责现场工作组织，办理工作票手续；周××负责施工工作中的安全监督工作；林××负责对工艺制作工艺把关；郑××负责零星缺额物资准备工作；王××负责对施工过程中质量进行监督

3.6.2 停电施工计划

计划停电时间：20××年07月06日08:00～16:00，工作负责人：吴××，工作票签发人：张××。

工作内容：新增"××变电站10kV ××线××01号环网柜–试验变电站10kV试验线试验01号环网柜"电缆分别接入××01号环网柜902开关间隔和试验01号环网柜902开关间隔。

停电范围：××变电站10kV ××线××01号环网柜902开关间隔；试验变电站10kV试验线试验01号环网柜902开关间隔。

保留的带电部位：××变电站10kV ××线××01号环网柜901、903、904开关间隔；试验变电站10kV试验线试验01号环网柜901、905开关间隔。

序号	工作内容	工作安排	人员配备
1	工作许可	做好安措，向配调办理工作票许可手续	全体工作成员
2	电缆两端相序核准	吴××指挥，冯××负责电缆头接地短接，林××负责绝缘遥测判别相序	林××、冯××
3	制作终端头并将电缆接入××变 10kV ××线××01号环网柜902开关间隔	林××负责对工艺制作工艺把关；冯××等2人负责终端头制作、电缆接入间隔及该间隔防火封堵等工作	电缆接入组技工冯××等2人
4	制作终端头并将电缆接入××变 10kV ××线××01号环网柜902开关间隔	林××负责对工艺制作工艺把关；钟××等2人负责终端头制作、电缆接入间隔及该间隔防火封堵等工作	电缆接入组技工钟××等2人
5	验收整改	配合运行单位进行验收，并对提出的问题立即进行整改	全体工作成员
6	消票送电	办理工作票终结手续，消票送电	全体工作成员

3.7 施工技术要求和质量控制措施

施工技术要求及质量严格按照《国家电网公司配电网工程典型设计 10kV 电缆分册（2016 年版）》《国家电网公司配电网施工检修工艺规范》（Q/GDW 10742—2016）及国家电网公司其他相关要求执行，部分重点技术要求和施工质量控制措施如下（包括但不限于）。

3.7.1 电缆敷设

3.7.1.1 施工准备

（1）电缆敷设前，检查疏通电缆管道。检查电缆管内无积水、无杂物堵塞；检查管孔入口处是否平滑，井内转角等是否满足电缆弯曲半径的规范要求等并做好记录。对电缆槽盒、电缆沟盖板等预构件必须仔细检查，对有露筋、蜂窝、麻面、裂缝、破损等现象的预构件一律清除，严禁使用。

（2）确定电缆盘、电缆盖板、敷设机具等主要材料、工具的摆放位置，设置临时施工围栏。

（3）电缆敷设，中间应使用电缆放线滑车。滑车放置过程中一定要认真逐个检查、处理（无毛刺、转动灵活性），并加适当的机油；直线部分应每隔 2500～3000mm 设置一个直线滑车，在转角或受力的地方应增加滑轮组（"L"状的转弯滑轮），设置间距要小，控制电缆弯曲半径和侧压力，并设专人监视，电缆不得有铠装压扁、电缆绞拧、护层折裂等机械损伤，需要时可以适当增加输送机。

（4）对通信设备进行调试以确保畅通。

（5）电缆盘就位。电缆按敷设方案运输到位，认真核对型号规格、长度、盘数是否符合设计和接入电气设备要求，收集出厂合格证或检验报告。注意牵引头的安放方向并安装牢固，尽可能争取三相（盘）一次就位，电缆盘应架设牢固平稳。电缆盘处应设刹车装置。电缆装卸过程中，注意避免电缆的碰撞、损伤。人工短距离滚动电缆盘前，应检查线盘是否牢固，电缆两端应固定，滚动方向须与线盘上箭头方向一致。电缆的端部应有可靠的防潮措施。

（6）敷设前应按下列要求进行检查：电缆型号、电压、规格应符合设计；电缆外观应无损伤；当对电缆的密封有怀疑时，应进行潮湿判断；对电缆进行绝缘电阻测试，绝缘电阻不得低于 1MΩ，并做好记录作为电缆投运前绝缘电阻测定的参考；如需要可以做以下试验：

1）直流耐压试验及泄漏电流测量；

2）交流耐压试验；

3）测量金属屏蔽层电阻和导体电阻比；

4）交叉互联系统试验。

3.7.1.2 施工过程

（1）电缆敷设时，电缆应从盘的上端引出，不应使电缆在支架上及地面摩擦拖拉。电缆进入电缆管路前，可在其表面涂上与其护层不起化学作用的润滑物，减小牵引时的摩擦阻力。

（2）电缆敷设时，转角处需安排专人观察，负荷适当，统一信号、统一指挥。在电缆盘两侧须有协助推盘及负责刹盘滚动的人员。拉引电缆的速度要均匀，机械敷设电缆的速度不宜超过 15m/min，在较复杂路径上敷设时，其速度应适当放慢。

（3）机械牵引时，应满足《电气装置安装工程电缆线路施工及验收规范》（GB 50168—2016）要求，牵引端应采用专用的拉线网套或牵引头，牵引强度不得大于规范要求，应在牵引端设置防捻器。

（4）电缆在任何敷设方式及其全部路径条件的上下左右改变部位，最小弯曲半径均应满足《电力电缆及通道运维规程》（Q/GDW 1512—2014）或设计要求。

（5）电缆在沟内敷设应有适量的蛇型弯，电缆的两端、中间接头应留有适当的余度。

（6）电缆敷设后，电缆头应悬空放置，将端头立即做好防潮密封，以免水分侵入电缆内部，并应及时制作电缆终端和接头。同时应及时清除杂物，盖好井盖，还要将井盖缝隙密封，施工完后电缆穿入管道处出入口应保证封闭，管口进行密封并做防水处理。

（7）电缆在沟内敷设应有适量的蛇型弯，电缆的两端、中间接头应留有适当的余度。

3.7.2 电缆附件制作安装

3.7.2.1 施工准备

（1）电缆头制作前，应将用于牵引部分的电缆切除。电缆终端和接头处应留有一定的备用长度，电缆中间接头应放置在电缆井或检查井内。若并列敷设多条电缆，其中间接头位置应错开，其净距不应小于 500mm。

（2）电缆终端安装时应避开潮湿的天气，且尽可能缩短绝缘暴露的时间。如在安装过程中遇雨雾等潮湿天气应及时停止作业，并做好可靠的防潮措施。

（3）电缆终端制作前，应核对确认两端相序一致，并采用相应颜色的胶带进行相位标识。

（4）电缆线芯连接金具，应采用符合标准的连接管和接线端子，其内径应与电缆线芯紧密配合，间隙不应过大，截面宜为线芯截面的 1.2～1.5 倍；电力电缆接地线应采用铜绞线或镀锡铜编织线，其截面积不应小于下表的规定：

电缆截面（mm²）	接地线截面（mm²）
120 及以下	16
150 及以上	25

3.7.2.2 施工过程

制作电缆终端与接头，从剥切电缆开始应连续操作直至完成，缩短绝缘暴露时间；剥切电缆时不应损伤线芯和保留的绝缘层；附加绝缘的包绕、装配、热缩等应清洁；电缆线芯连接时，应除去线芯和连接管内壁油污及氧化层；压接模具与金具应配合恰当，压缩比应符合要求；压接后应将端子或连接管上的凸痕修理光滑，不得残留毛刺；采用锡焊连接铜芯，应使用中性焊锡膏，不得烧伤绝缘；电缆终端上应有明显的相色标志，且应与系统的相位一致。

1. 电缆终端头

（1）严格按照电缆附件的制作要求制作电缆终端。

（2）剥除外护套，应分两次进行，以避免电缆铠装层铠装松散。先将电缆末端外护套保留 100mm，然后按规定尺寸剥除外护套。

（3）安装接地装置时，金属屏蔽层及铠装应分别用两条铜编织带接地，必须分别焊牢或固定在铠装的两层钢带和三相铜屏蔽层上，二者分别用绝缘带包缠，在分支手套内彼此绝缘且两条接地线必须做防潮段，安装时错开一定距离。

（4）三芯电缆的电缆终端采用分支手套，分支手套套入电缆三叉部位，必须压紧到位，收缩后不得有空隙存在，并在分支手套下端口部位，绕包几层密封胶加强密封。

（5）冷缩和预制终端头，剥切外半导电层时，不得伤及主绝缘。外半导电层端口切削成约 4mm 的小斜坡并打磨光洁，与绝缘圆滑过渡。

（6）打磨后应清洁绝缘，应由线芯绝缘端部向半导电应力控制管方向进行。

（7）外半导电层剥除后，绝缘表面必须用细砂纸打磨，去除嵌入在绝缘表面的半导电颗粒。

（8）热缩终端头，剥切外半导电层时，将应力疏散胶拉薄拉窄，缠绕在半导电层与绝缘层的交接处，把斜坡填平，后再压半导电层和绝缘层各 5～10mm，并清洁绝缘。

（9）绝缘层端口处理时，将绝缘层端头（切断面）倒角 3mm×45°。

（10）热缩的电缆终端安装时应先安装应力管，再安装外部绝缘护管和雨裙，安装位置及雨裙间间距应满足规定要求。

（11）多段护套搭接时，上部的绝缘管应套在下部绝缘管的外部，搭接长度符合要求（无特别要求时，搭接长度不得小于 10mm）。

2. 电缆中间接头

（1）电缆安装时做好防潮措施。

（2）锯铠装时，其圆周锯痕深度应<2/3。

（3）剥除外护套，应分两次进行，以避免电缆铠装层铠装松散。先将电缆末端外护套保留 100mm，然后按规定尺寸剥除外护套。外护套断口以下 100mm 部分用砂纸打毛并清洗干净，在电缆线芯分叉处将线芯校直、定位。

（4）剥除内护套时，在剥除内护套处用刀子横向切一环形痕，深度不超过内护套厚度的一半。

（5）根据制作说明书尺寸，剥除铜屏蔽层和外半导电层。外半导电层剥除后，绝缘表面必须用细砂纸打磨，去除嵌入在绝缘表面的半导电颗粒。

（6）冷缩和预制中间接头，剥切外半导电层时，不得伤及主绝缘。外半导电层端口切削成约 4mm 的小斜坡并打磨光洁，与绝缘圆滑过渡。

（7）热缩中间接头，剥切外半导电层时，将应力疏散胶拉薄拉窄，缠绕在半导电层与绝缘层的交接处，把斜坡填平，后再压半导电层和绝缘层各 5～10mm。

（8）根据说明书依次套入管材，顺序不得颠倒，所有管材端口应用塑料薄膜封口。

（9）热缩应力控制管应以微弱火焰均匀环绕加热，使其收缩。加热管材时应从中间向两端均匀、缓慢环绕进行，把管内气体全部排除。

（10）压接连接管，压接磨具应与连接管外径尺寸一致，压接后去除连接管表面棱角和毛刺，清洁绝缘与连接管。清洁绝缘时，应由线芯绝缘端部向半导电应力控制管方向进行。

（11）在连接管上绕包半导电带，两端与内半导电屏蔽层应紧密搭接。

（12）冷缩中间接头安装区域涂抹一层薄硅脂，将中间接头管移至中心部位，其一端应与记号平，抽出撑条时应沿逆时针方向进行，速度缓慢均匀。

（13）固定铜屏蔽网应与电缆铜屏蔽层可靠搭接。

（14）内绝缘管及屏蔽管两端绕包密封防水胶带，应拉伸 200%，绕包应圆整紧密，两边搭接外半导电层和内外绝缘管及屏蔽管不得少于 30mm。

（15）铜屏蔽网焊接每处不少于两个焊点，焊点面积不少于 10mm^2。

（16）冷缩中间接头的绕包防水带，应覆盖接头两端的电缆内护套，搭接电缆外护套不少于 150mm。绕包防水胶带前，应先将两侧搭接的内护套进行拉毛，之后将绕包防水胶带拉伸至原来宽度 3/4，半重叠绕包，与内护套搭接长度不小于 10cm，完成后，双手用力挤压所包胶带使其紧密贴附。绕包防水胶带前，应先将两侧搭接的内护套进行拉毛，之后将绕包防水胶带拉伸至原来宽度 3/4，半重叠绕包，与内护套搭接长度不小于 10cm，完成后，双手用力挤压所包胶带使其紧密贴附。

（17）热缩中间接头待电缆冷却后方可移动电缆，冷缩中间接头放置 30min 后方可进行电缆接头搬移工作。

（18）热缩时禁止使用吹风机替代喷灯进行加热。

3. 电缆固定

（1）固定点应设在应力锥下和三芯电缆的电缆终端下部等部位。

（2）终端头搭接后不得使搭接处设备端子和电缆受力。必要时加装过渡排，搭接面应符合规范要求。

（3）各相终端固定处应加装符合规范要求的衬垫。

（4）铠装层和屏蔽均应采取两端接地的方式；当电缆穿过零序电流互感器时，零序电流互感器安装在电缆护套接地引线端上方时，接地线直接接地；零序电流互感器安装在电缆护套接地引线端下方时，接地线必须回穿零序电流互感器一次，回穿的接地线必须采取绝缘措施。

（5）电缆及其附件、安装用的钢制紧固件、除地脚螺栓外应用热镀锌制品。防腐应符合设计要求。

4. 其他

（1）电缆终端头、电缆中间接头、拐弯处、工井内电缆进出管口处应挂标志牌。电缆标牌上应注明电缆编号、规格、型号、电压等级及起止位置等信息。标牌规格和内容应统一，且能防腐。

（2）电缆中间头、终端头制作完毕应对该回电缆进行相序确认和交流耐压试验。

第四部分　安全措施及注意事项

安全措施及注意事项严格按照《国家电网公司电力安全工作规程　电网建设部分（试行）》实施，重要环节安全措施及注意事项如下（包括但不限于）。

4.1　通用安全措施

（1）严格执行"停电、验电、装设接地线、使用个人保安线、装设遮（围）栏和悬挂标示牌"等技术措施。

（2）按规范填写施工作业票或工作票，许可手续办理完成后，方可开始作业。

（3）作业时必须有专人监护，并应穿工作服，系安全带，戴安全帽，穿绝缘靴，戴绝缘手套，使用专用工具。

（4）施工前应安排足够时间进行技术交底和本方案的学习，使每人熟知自己的职责，操作方法及安全注意事项，分班组开展班前、班后会。

（5）加强班组人员管理，确保每个班组作业人员必须在本班组工作地段内活动，严禁到其他班组负责线路范围内作业。

（6）接地线统一编号，明确每个班组接地线的数量和编号，作业前对所有安全工器具进行清查。

（7）施工用电、临时照明均要遵守相关安全规程。照明灯具要绝缘良好，并安在施工人员不易接触到的地方；电动机具外壳要可靠接地。

4.2　专用安全措施

4.2.1　电缆敷设

（1）运输电缆盘时，应有防止电缆盘在车上滚动的措施。盘上的缆头应固定好。卸电缆盘严禁从车直接推下。滚动电缆盘的地面应平整，破损的电缆盘不得滚动。

（2）电缆敷设前，对电缆井使用抽风机进行充分排气，排气后对气体进行检测，符合要求后方可下井工作。

（3）进入电缆井内工作前，应先使用验电笔确认运行电缆外绝缘良好后，却无电压后，方可进入电缆井内工作，且应穿绝缘鞋（靴）。

（4）开启电缆井井盖时应使用专用工具，同时注意所立位置，以免滑脱伤人。开启后应设置标准围栏并有人看守。工作人员撤离电缆井后，应立即将井盖盖好。

（5）敷设电缆时，应有专人统一指挥，并有明确的联系信号，不得在无指挥信号时随意拉引；电缆移动时，严禁用手搬动滑轮，以防压伤。

（6）电缆盘及放线架应固定在硬质平整的地面，电缆应从电缆盘上分牵引，放线轴杠两端应打好临时拉线。

（7）电缆盘设专人看守，电缆盘滚动时禁止用手制动。

（8）电缆穿入保护管时，送电缆人的手与管口应保持一定距离。

（9）施工时注意周边有无带电线路，吊电缆盘时须保持足够的安全距离。

（10）施工地点、工井周边均要设遮栏和警示标志等，夜间还应设置闪烁的警示标志并且有专人看护。

（11）敷设电缆时，拐弯处的施工人员必须站在电缆或牵引绳的外侧。

4.2.2 电缆附件制作安装

（1）制作中间接头时，接头坑边应留有通道，坑边不得放置工具、材料，传递物件注意递接递放。

（2）使用刀具或其他工具时，严禁对着人体，以免伤及自身。

（3）使用喷灯应先检查喷灯本体是否漏气或堵塞。喷灯加油不得超过桶容积的 3/4。禁止在明火附近放气或加油，点灯时应先将喷嘴预热，使用喷灯时，喷嘴不准对着人体及设备，打气不得超压。

（4）使用携带型火炉或喷灯时，火焰与带电部分的安全距离：电压在 10kV 及以下者，不得小于 1.5m；电压在 10kV 以上者，不得小于 3m。

（5）制作热缩头时，打开明火前，应先检测制作地点是否存在可燃气体。

4.2.3 电缆接入

（1）没完成许可手续前，工作班成员禁止进入工作现场。

（2）工作前必须核对设备双重名称，正确无误后方可开展工作。

（3）工作前工作负责人应向工作人员交代清楚工作中的安全注意事项，现场带电部位。

4.2.4 电缆试验

（1）电缆耐压试验前，加压端应做好安全措施，防止人员误入试验场所，另一端应挂上警示牌。如另一端是上杆塔、设备的或是锯断电缆处，应派人看守。

（2）电缆的试验过程更好试验引线时，应先对设备充分放电，作业人员应戴好绝缘手套。

（3）电缆试验结束，应对被试电缆进行充分放电，并在被试电缆上加装临时接地线，待电缆尾线接通后才可拆除。

（4）与线路相连的电缆头在线路有人工作或无法确认线路是否有人工作时应拆开，防止试验电压串入配电线路。

4.2.5 起吊作业

（1）吊车起重作业须由专人指挥，并事先明确旗语、手势和信号，吊车司机必须与起重指挥协调一致，遇有大风恶劣天气停止起吊工作。

（2）在起吊、牵引过程中，受力钢丝绳的周围、上下方、内角侧和起吊物的下面，严禁有人逗留和通过。吊运中不得从人员上方通过，吊臂下严禁站人。不准用手拉或跨越钢丝绳。

（3）当重物吊离地面后，工作负责人应再检查各受力部位和被吊物品，无异常方可正式起吊。

（4）吊下的物件要放置牢固，有防倾倒措施。

（5）吊车的吊钩要有保险装置，防止钢丝绳脱钩，造成被吊物倒落。

（6）吊车起吊时位置应适当，支腿须立于坚实的地面上，防止土地松软导致翻车，严禁超负荷起吊，造成吊车倾翻。

4.3 应急处置措施

4.3.1 外力伤害

（1）现场负责人立即组织援救人员迅速脱离危险区域，查看和了解受伤人数、症状等情况。

（2）现场负责人组织开展救治工作，根据受伤情况用急救箱药品做紧急处理。

（3）根据现场情况，拨打"120""110"报警求援，将伤者送往医院救治。

4.3.2　突发触电事故

（1）现场人员立即使触电人员脱落电源。一是立即通知有关供电单位（调度或运行值班人员）或用户停电。二是戴上绝缘手套，穿上绝缘靴，用相应电压等级的绝缘工具按顺序拉开电源开关、熔断器或将带电体移开。三是采取相关措施使保护装置动作，断开电源。

（2）如触电人员悬挂高处，现场人员应尽快解救至地面；如暂时不能解救至地面，应考虑相关方坠落措施，并向消防部门求救。

（3）根据触电人员受伤情况，采取止血、固定、人工呼吸、心肺复苏等相应急救措施。

（4）现场人员将触电人员送往医院救治或拨打"120"急救电话求救。

4.3.3　突发交通事故

（1）发生交通事故后，驾驶员立即停车，拉紧手制动，切断电源，开启双闪警示灯，在车后 50～100m 处设置危险警告标志，夜间还需开启示廓灯和尾灯；组织车上人员疏散到路外安全地点。

（2）在警察未到达现场前，要保护好现场，并做好现场安全措施，避免二次伤害的现场措施如下：

1）立即打开闪光警示灯，夜间还应当同时开启示廓灯和后位灯，以提高后面来车的注意力。

2）在有可能来车方向约 50～100m 处摆放三角警示牌（高速公路警告标志应当设置在故障车来车方向 150m 以外）。

（3）检查人员伤亡和车辆损坏情况，利用车辆携带工具解救受困人员，转移至安全地点；解救困难或人员受伤时向公安、急救部门报警救助。

（4）在抢救伤员、保护现场的同时，应及时亲自或委托他人向肇事点辖区公安交通管理部门报案；公安 110 联动中心或交通事故报警电话号码，全国统一为"122"。报告内容有：肇事地点、时间、报告人和姓名、住址、肇事车辆及事故的死伤和损失情况等。交警到达现场后，一切听从交警指挥并主动如实地反映情况，积极配合交警进行现场勘察和分析等。

4.3.4 应急电话

1. 联络员：沈×× 电话：××××××××
2. ××市人民医院 电话：××××××××
3. ××市公安局 电话：××××××××
4. ××市消防队 电话：××××××××

4.4 其他补充安全措施

（1）北×路南 01～12 号电缆井电缆管沟，往南 1.5m 处有燃气管道，施工人员作业时应注意是否发生燃气泄漏，作业时禁止吸烟。

（2）本工程施工期处于高温天气，施工时应当采取防暑降温措施。

施工方案交底学习签名表

组织人	学　习　人	时间
第一次交底		
项目经理（签字）	施工项目部成员（签字）	
第二次交底		
项目经理（签字）	施工项目部成员（签字）	

衷心感谢国网江西省电力公司记者站的支持和配合!